宋韵文化生活系列丛书

应雪林　主编

含章蕴藻

HANZHANG
WENZAO

夏斯斯　著

杭州出版社

图书在版编目（CIP）数据

含章蕴藻 / 夏斯斯著 . -- 杭州 ：杭州出版社，
2023.4
　（宋韵文化生活系列丛书）
　ISBN 978-7-5565-2016-9

　Ⅰ．①含… Ⅱ．①夏… Ⅲ．①造纸工业－技术史－中
国－宋代 Ⅳ．① TS7-092

中国国家版本馆 CIP 数据核字（2023）第 002641 号

项目统筹　杨清华

HANZHANG WENZAO

含章蕴藻

夏斯斯　著

责任编辑	俞倩楠
文字编辑	吕　韵
责任校对	陈铭杰
美术编辑	祁睿一
责任印务	姚　霖
装帧设计	蔡海东　倪　欣
出版发行	杭州出版社（杭州市西湖文化广场 32 号 6 楼） 电话：0571-87997719　邮编：310014 网址：www.hzcbs.com
印　　刷	浙江海虹彩色印务有限公司
经　　销	新华书店
开　　本	710 mm×1000 mm　1/16
印　　张	12
字　　数	166 千
版 印 次	2023 年 4 月第 1 版　2023 年 4 月第 1 次印刷
书　　号	ISBN 978-7-5565-2016-9
定　　价	128.00 元

浙江省文化研究工程指导委员会

浙江文化研究工程成果文库总序

习近平

    有人将文化比作一条来自老祖宗而又流向未来的河，这是说文化的传统，通过纵向传承和横向传递，生生不息地影响和引领着人们的生存与发展；有人说文化是人类的思想、智慧、信仰、情感和生活的载体、方式和方法，这是将文化作为人们代代相传的生活方式的整体。我们说，文化为群体生活提供规范、方式与环境，文化通过传承为社会进步发挥基础作用，文化会促进或制约经济乃至整个社会的发展。文化的力量，已经深深熔铸在民族的生命力、创造力和凝聚力之中。

    在人类文化演化的进程中，各种文化都在其内部生成众多的元素、层次与类型，由此决定了文化的多样性与复杂性。

    中国文化的博大精深，来源于其内部生成的多姿多彩；中国文化的历久弥新，取决于其变迁过程中各种元素、层次、类型在内容和结构上通过碰撞、解构、融合而产生的革故鼎新的强大动力。

    中国土地广袤、疆域辽阔，不同区域间因自然环境、经济环境、社会环境等诸多方面的差异，建构了不同的区域文化。区域文化如同百川归海，共同汇聚成中国文化的大传统，这种大传统如同春风化雨，渗透于各种区域文化之中。在这个过程中，区域文化如同清溪山泉潺潺不息，在中国文化的共同价值取向下，以自己的独特个性支撑着、引领着本地经济社会的发展。

从区域文化入手，对一地文化的历史与现状展开全面、系统、扎实、有序的研究，一方面可以藉此梳理和弘扬当地的历史传统和文化资源，繁荣和丰富当代的先进文化建设活动，规划和指导未来的文化发展蓝图，增强文化软实力，为全面建设小康社会、加快推进社会主义现代化提供思想保证、精神动力、智力支持和舆论力量；另一方面，这也是深入了解中国文化、研究中国文化、发展中国文化、创新中国文化的重要途径之一。如今，区域文化研究日益受到各地重视，成为我国文化研究走向深入的一个重要标志。我们今天实施浙江文化研究工程，其目的和意义也在于此。

千百年来，浙江人民积淀和传承了一个底蕴深厚的文化传统。这种文化传统的独特性，正在于它令人惊叹的富于创造力的智慧和力量。

浙江文化中富于创造力的基因，早早地出现在其历史的源头。在浙江新石器时代最为著名的跨湖桥、河姆渡、马家浜和良渚的考古文化中，浙江先民们都以不同凡响的作为，在中华民族的文明之源留下了创造和进步的印记。

浙江人民在与时俱进的历史轨迹上一路走来，秉承富于创造力的文化传统，这深深地融汇在一代代浙江人民的血液中，体现在浙江人民的行为上，也在浙江历史上众多杰出人物身上得到充分展示。从大禹的因势利导、敬业治水，到勾践的卧薪尝胆、励精图治；从钱氏的保境安民、纳土归宋，到胡则的为官一任、造福一方；从岳飞、于谦的精忠报国、清白一生，到方孝孺、张苍水的刚正不阿、以身殉国；从沈括的博学多识、精研深究，到竺可桢的科学救国、求是一生；无论是陈亮、叶适的经世致用，还是黄宗羲的工商皆本；无论是王充、王阳明的批判、自觉，还是龚自珍、蔡元培的开明、开放，等等，都展示了浙江深厚的文化底蕴，凝聚了浙江人民求真务实的创造精神。

代代相传的文化创造的作为和精神，从观念、态度、行为方式和价值取向上，孕育、形成和发展了渊源有自的浙江地域文化传统和与时俱进的浙江文化精神，她滋育着浙江的生命力、催生着浙江的凝聚力、激发着浙江的创造力、培植着浙江的竞争力，激励着浙江人民永不自满、永不停息，在各个不同的历史时期不断地超越自我、创业奋进。

悠久深厚、意韵丰富的浙江文化传统，是历史赐予我们的宝贵财富，也是我们开拓未来的丰富资源和不竭动力。党的十六大以来推进浙江新发展的实践，使我们越来越深刻地认识到，与国家实施改革开放大政方针相伴随的浙江经济社会持续快速健康发展的深层原因，就在于浙江深厚的文化底蕴和文化传统与当今时代精神的有机结合，就在于发展先进生产力与发展先进文化的有机结合。今后一个时期浙江能否在全面建设小康社会、加快社会主义现代化建设进程中继续走在前列，很大程度上取决于我们对文化力量的深刻认识、对发展先进文化的高度自觉和对加快建设文化大省的工作力度。我们应该看到，文化的力量最终可以转化为物质的力量，文化的软实力最终可以转化为经济的硬实力。文化要素是综合竞争力的核心要素，文化资源是经济社会发展的重要资源，文化素质是领导者和劳动者的首要素质。因此，研究浙江文化的历史与现状，增强文化软实力，为浙江的现代化建设服务，是浙江人民的共同事业，也是浙江各级党委、政府的重要使命和责任。

2005 年 7 月召开的中共浙江省委十一届八次全会，作出《关于加快建设文化大省的决定》，提出要从增强先进文化凝聚力、解放和发展生产力、增强社会公共服务能力入手，大力实施文明素质工程、文化精品工程、文化研究工程、文化保护工程、文化产业促进工程、文化阵地工程、文化传播工程、文化人才工程等"八项工程"，实施科教兴国和人才强国战略，加快建设教育、科技、卫生、体育等"四个强省"。作为文化建设"八项工程"之一的文化研究工程，其任务就是系统研究浙江文化的历史成就和当代发展，深入挖掘浙江文化底蕴、研究浙江现象、总结浙江经验、指导浙江未来的发展。

浙江文化研究工程将重点研究"今、古、人、文"四个方面，即围绕浙江当代发展问题研究、浙江历史文化专题研究、浙江名人研究、浙江历史文献整理四大板块，开展系统研究，出版系列丛书。在研究内容上，深入挖掘浙江文化底蕴，系统梳理和分析浙江历史文化的内部结构、变化规律和地域特色，坚持和发展浙江精神；研究浙江文化与其他地域文化的异同，厘清浙江文化在中国文化中的地位和相互影响的关系；围绕浙江生动的当代实践，深入解读浙江现象，总结浙江经验，指导浙江发展。在研究力量上，通过课题组织、出版资助、重点研究基地建设、加强省内外大院名校合作、整合各地各部门力量等途径，形成上下联动、学界互动的整体合力。在成果运用上，注重研究成果的学术价值和应用价值，充分发挥其认识世界、传承文明、创新理论、咨政育人、服务社会的重要作用。

我们希望通过实施浙江文化研究工程，努力用浙江历史教育浙江人民、用浙江文化熏陶浙江人民、用浙江精神鼓舞浙江人民、用浙江经验引领浙江人民，进一步激发浙江人民的无穷智慧和伟大创造能力，推动浙江实现又快又好发展。

今天，我们踏着来自历史的河流，受着一方百姓的期许，理应负起使命，至诚奉献，让我们的文化绵延不绝，让我们的创造生生不息。

2006 年 5 月 30 日于杭州

让我们回望千年，一同走进宋人的世界

目 录
Contents

绪　言

夫其为物，厥美可珍。廉方有则，体洁性贞。含章蕴藻，实好斯文。取彼之弊，以为此新。揽之则舒，舍之则卷。可屈可伸，能幽能显。……

——〔晋〕傅咸《纸赋》

纸是我国古代劳动人民的智慧结晶，既是四大发明之一，又是文房四宝之一。甘肃天水放马滩西汉墓出土纸①据说是四大发明中最古老的实证，而文房四宝在某种程度上又以纸为核心，因为笔、墨、砚的功能最终还得靠纸来呈现。自从被发明以来，纸张记录文字，承载文化，流传不息，但是我们常常会忘记，纸张本身也是文化。

历史学家陈寅恪曾说："华夏民族之文化，历数千载之演进，造极于赵宋之世。"在中华文化"造极"的天水一朝，造纸业同样空前繁荣，无论在原料、产地、品种、生产规模、技术水平方面，还是产品的数量和质量方面，都明显地超过前代。

两宋时，造纸原料又有新的拓展，竹纸异军突起，为文人士大夫所青睐；造纸技术的不断成熟、纸张品质的日趋完善，促进了宋代书

---

① 也有人怀疑这是纺织品。

画艺术和文学艺术的蓬勃发展。这一时期，出现了世界上最早的一部关于纸的专著《纸谱》，遗留下的宋版书在日后备受世人推崇，还有保存至今的富阳泗洲宋代造纸遗址……

纸在社会生活中的影响和作用超乎人们的想象，其形式不仅仅是文书纸和书籍。春时的纸鸢，夏日的纸扇，秋天的纸伞，冬季的纸被……在宋代，纸早已超越了书写、印刷的狭隘范畴，发展出全面应对生活实际需求的多种功能。它在传统生活中几乎无处不在，扮演着各种各样的角色，又如纸币、纸阁、纸帐、纸衣、纸屏风等等，不一而足。

皎白犹霜雪，方正若布棋。写情于万里，精思于一隅。一张小小的纸，却能承载无尽的时间和空间。让我们回望千年，一同走进宋纸的世界。

名纸纵谈

含章蕴藻
HANZHANG WENZAO

一、宋灭南唐后，澄心堂纸去哪儿了

俗话说"文无第一"，文人写文章各有千秋，往往难分轩轾。在琳琅满目的名纸之苑，如果要选出个"纸中第一"，想必也不是件易事。不过，北宋书法家蔡襄早就给出了他的答案，其《文房四说》云："纸，李王澄心堂为第一，其物出江南池、歙二郡。"此言一出，似成公论。

被蔡襄评为"纸中第一"的澄心堂纸，系五代南唐后主李煜所监制。李煜将这种纸专门收藏于宫内的澄心堂，仅供皇室御用及颁赐群臣，旁人难得一见。这个贮存纸张之地，看起来还挺神秘的。北宋陈师道《后山谈丛》记载："澄心堂，南唐烈祖节度金陵之宴居也。"《续资治通鉴》之"开宝八年"条载："凡兵机处分，皆自澄心堂宣出。"这澄心堂来头不小，原为南唐建立者李昪①的闲居之所，后来被辟为南唐皇帝的机要宫室。

宋太祖开宝七年（974），大将曹彬奉诏率十万水陆大军伐南唐。次年，很可能被赏赐过澄心堂纸的南唐大臣徐铉使宋，乞求缓兵。宋太祖赵匡胤用手按着佩剑，发出了那句著名的质问："卧榻之侧，岂容他人鼾睡？"未几，曹彬攻克金陵，李煜降宋，被遣送至汴京。曹彬入金陵后，禁止将士杀戮掠夺，包括澄心堂在内的南唐宫殿得以保存完好。宫殿内库的墙角积存着数千幅澄心堂纸，这些纸从宫中散出，在北宋的文人士大夫之间流转。

---

① 李昪：本姓潘，后为徐温养子，改名徐知诰，即帝位后复姓李，改名昪。

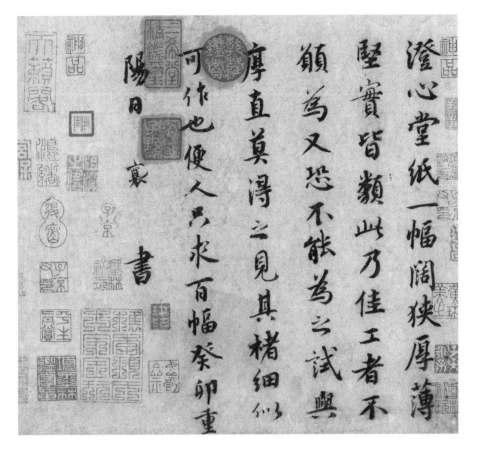

〔北宋〕蔡襄《澄心堂帖》（现藏于台北故宫博物院）

北宋经学家刘敞（1019—1068），字原父，于宋仁宗康定元年（1040）得到一百幅南唐澄心堂纸，分赠给好友，并"邀永叔诸君各赋一篇，仍各自书藏以为玩"。永叔即欧阳修（1007—1072），他收到了刘敞赠予的十幅澄心堂纸，激动不已，应邀写了一首《和刘原父澄心纸》，叹曰："君从何处得此纸，纯坚莹腻卷百枚。"欧阳修并未独享这十幅澄心堂纸，又转赠梅尧臣两幅。

梅尧臣（1002—1060），字圣俞，宣州宣城（今属安徽）人，宣城古名宛陵，故其又称梅宛陵。他被誉为宋诗的"开山祖师"，与欧

3

梅尧臣像

阳修并称"欧梅"。梅尧臣见到鼎鼎有名的澄心堂纸，同样喜出望外，作《永叔寄澄心堂纸二幅》，感慨其"滑如春冰密如茧，把玩惊喜心徘徊"。

六年之后，也就是庆历六年（1046），北宋文学家宋敏求（1019—1079），字次道，也从南唐旧库中得到一批澄心堂纸，一下子就赠予梅尧臣百幅。宋敏求可真大方啊！他对前辈梅尧臣充满了敬佩与景仰。

梅尧臣当年得赠两幅澄心堂纸就颇为欣喜，这下忽得百幅，真可谓幸福来得太突然，继而作《答宋学士次道寄澄心堂纸百幅》，赞之曰：

寒溪浸楮春夜月，敲冰举帘匀割脂。

焙干坚滑若铺玉，一幅百钱曾不疑。

……

五六年前吾永叔，赠予两轴令宝之。

是时颇叙此本末，遂号澄心堂纸诗。

我不善书心每愧，君又何此百幅遗。

重增吾报不敢拒，且置缣箱何所为。

这首诗描述了澄心堂纸的制造过程：寒冬时节在溪边浸泡楮树皮，并将浸泡后的楮皮舂捣成浆，再在水中反复漂洗纸浆，并用抄纸帘抄制，令楮皮黏液的稠度达到均匀，最后烘干，成品就是"坚滑若铺玉"的澄心堂纸，纯坚莹腻，滑如春冰。梅尧臣对这些澄心堂纸十分珍视，小心翼翼地将它们储藏在存放书画的缣箱当中。

到了至和二年（1055），梅尧臣又从"潘歙州"那里得到三百幅澄心堂纸，作《潘歙州寄纸三百番①石砚一枚》《九月六日登舟再和潘歙州纸砚》等诗以示感谢。看到这里，兴许会有读者略感蹊跷：南唐国破之时，宫殿内库里一共也就数千幅澄心堂纸（梅尧臣《答宋学士次道寄澄心堂纸百幅》有云"城破犹存数千幅，致入本朝谁谓奇"），按理说早就星离云散了，怎么七八十年后，光是收入梅尧臣一人囊中的就有四百多幅呢？何况他未曾刻意搜罗，都是无意间从友人那里获得的。

还有更蹊跷的。刘敞、梅尧臣都在诗中提到，澄心堂纸在当时一幅就价值百金②，欧阳修还感慨说"君家虽有澄心纸，有敢下笔知谁哉"（《和刘原父澄心纸》），面对这么名贵的纸，都不敢下笔写字了。而明人谢肇淛《五杂组》却写道："宋子京作《唐书》，皆以澄心堂纸起草。欧公作《五代史》亦然。"说的是宋祁（字子京）撰写《新唐书》列传部分，以及欧阳修撰写《五代史》时，都用澄心堂纸打草稿。

"当时百金售一幅"的名纸竟然成了草稿纸？

事实上，欧阳修手里的南唐澄心堂纸，估计就是刘敞送给他的那几幅，而用来起草《新唐书》《五代史》的，则是宋仿澄心堂纸。明代高濂《遵生八笺》载："余见宋刻大板《汉书》，不惟内纸坚白，每本用澄心堂纸数幅为副。"不难想见，这种用作宋版书副本的澄心堂纸，也是仿品。

---

① 番：古代计算纸张的单位。

② 金：古代计算货币的单位，宋代以一钱为一金。

从南唐澄心堂纸的物以稀为贵，到宋仿澄心堂纸的大批量出现，有一个人起了关键的作用，那就是梅尧臣。原来，梅尧臣在拿到宋敏求送的百幅南唐澄心堂纸后，生出了仿制该纸的念头，后与"潘歙州"一拍即合。梅尧臣将澄心堂纸赠予潘氏若干，由后者依样制造。仿制成功后，潘氏又赠梅尧臣三百幅。梅尧臣写给"潘歙州"那两首诗中提到的三百幅纸便是仿品，所以诗云："予传澄心古纸样，君使制之精意余。"

"潘歙州"到底是谁呢？有人说是梅尧臣的友人潘夙，字伯恭，曾知歙州，组织纸匠完成了仿制；也有人说是歙州的制墨工匠潘谷，他除了精于制墨之外，还能造纸。澄心堂纸本身就产于"池、歙二郡"，而梅尧臣的故里宣州与歙州同属皖南地区，再加上梅尧臣在其中牵线搭桥，这仿制也就水到渠成了。

"雕栏玉砌应犹在，只是朱颜改。"宋太祖终止了南唐的国祚，牵机药结束了李煜的生命，澄心堂湮没在时光的尘埃里，而澄心堂纸的制造技艺却流传了下来，此后历代，不断有仿品出现，继续为时人所推崇。

二、金粟山藏经纸的前世今生

北宋蔡襄评澄心堂纸为纸中第一，而澄心堂纸起源于南唐，那么宋代"土生土长"的纸品当中，又有哪一种堪称翘楚呢？科学技术史专家潘吉星在《中国造纸史话》中说："宋代名纸应首推金粟山藏经纸。"但也有另一种观点：此纸只是宋代藏经纸中十分普通的一种，在当时及后来的很长时间内都寂寂无闻，直至明清才声名渐显。

金粟山藏经纸，又称金粟笺，今人对其的了解，大多来源于清代张燕昌的介绍。张燕昌（1738—1814），字文鱼，号芑堂，又号金粟山人，乾嘉年间海盐人，著有《金粟笺说》一卷，原载于《昭代丛书》。在此之前，元代潘广文（字泽民）的《金粟寺记》、明代董穀的《续澉水志》等也记述了有关金粟山藏经纸的情况。清末民初，徐珂的《清稗类钞·张芑堂藏金粟笺》综合了上述文献的说法：

> 乾隆中叶，海宇晏安，高宗留意文翰，凡以佳纸进呈者，皆蒙睿藻嘉赏，由是金粟笺之名以著，词馆且尝以为试题。金粟山有金粟寺，在海盐县西南三十里，自孙吴康僧开方，历唐、宋以来，称大丛林，创设经藏。纸皆坚韧可贵，硬黄复茧，内外皆蜡摩光莹，以红丝阑界之。其书为端楷而肥，卷卷如出一手，墨光黝泽如髹漆，可鉴。纸背每幅有小红印，文曰"金粟山藏经纸"。有数千轴，后人剥取为装赟之用，零落不存，世所称为金粟山藏经纸者是也。或云唐时物。然

其纸间有元丰年号，则为宋藏无疑。

位于海盐县（北宋属嘉禾郡，今属嘉兴市）西南的金粟山下，有一座千年古刹金粟寺，始建于三国吴大帝赤乌年间（238—251）。开山祖师康僧会，祖籍康居国，世居天竺，跟随经商的父亲移居交趾，后出家为僧，至江东弘扬佛法，建立佛寺。五代时，吴越王钱镠至此施茶，赐号"施茶院"；宋真宗大中祥符元年（1008），该寺被赐名"广慧禅院"。周敦颐的长子、曾为嘉禾通判的周寿写有《题金粟寺庵》，海盐知县徐嘉言有和诗《题金粟寺庵和通判军府周寿韵》。

从宋英宗治平年间（1064—1067）开始，金粟山广慧禅院发起并组织抄写《大藏经》一部，历时约十年，至宋神宗元丰年间（1078—1085）写成。经卷用纸的每张纸心，皆钤有"金粟山藏经纸"六字楷书椭圆小印。有意思的是，后人谈及这部"金粟山大藏经"，关注点并不在于"经"，而在于"纸"。

金粟笺由唐代的硬黄纸发展而来。什么叫"硬黄纸"？我们不妨先来讲讲，何谓"黄纸"。有一种植物叫作黄檗，它的茎可制成黄色染料，染制纸张，这道工序即所谓的"装潢"。黄檗的苦味可防虫避蠹，其清香令人开卷神爽。所谓"黄纸"，即经过染潢的纸张，如黄麻纸。晋代有"黄籍"，即以黄纸书写的户籍册。在黄纸上书写时如有笔误，还可用雌黄涂抹后再写，这便是"信口雌黄"的由来。

至于"硬黄"，宋代赵希鹄在《洞天清录·古翰墨真迹辨》中解释说："硬黄纸，唐人用以书经，染以黄檗，取其辟蠹。以其纸如浆，泽莹而滑，故善书者多取以作字。"为了防蛀，唐人将一张张纸浸染在黄檗汁液中，使之呈现天然黄色；再在纸上均匀涂蜡，经砑光后，纸张表面光莹润泽，质硬，韧度好，故称为"硬黄"。时人多以此纸写经和摹写古帖。苏轼有诗曰"硬黄小字临黄庭"，说的就是用硬黄纸临摹《黄庭经》。

金粟寺一角

金粟笺品质上乘，纸张两面加蜡磨光，纸质坚挺平滑，抄写文字墨色浓黑而有光泽，由于制法和质感类似硬黄纸，还被认为是唐代纸，持反对意见者则以纸上有宋神宗的"元丰"年号予以反驳。金粟笺产于东南，供应金粟山广慧禅院等寺院抄经之用，总量至少有六百函、数千卷。

明清时期，江浙一带古籍书画收藏兴盛，而古籍和书画的收藏又特别讲究装裱①，以宋藏经纸作为古籍书画的装裱用纸成为一种风尚。这些藏经纸每张都比较厚，可分层揭开，除了用作装裱，还被剥取用于书画创作。由于需求量高，各种宋代经笺都被取用，如"法喜大藏"经纸、"秀州智觉大藏"经纸等，金粟笺只是其中的一种。

我们知道，只有纸上钤有"金粟山藏经纸"六字椭圆印，才能确

---

① 装裱：中国裱背和装饰书画、碑帖等的一门特殊技艺。其成品可分为挂轴、手卷、册页等类，均用纸覆托于作品（通称"画心"）背面。

认它是宋藏经纸中的金粟笺。而清代官方书画著录的集大成之作《秘殿珠林·石渠宝笈》，记录了历代书画家的"金粟笺本"作品，并未明确说纸上是否钤有"金粟山藏经纸"印记，极可能是将所有宋藏经纸本都归在了金粟笺名下。也就是说，"金粟笺"逐渐成为宋藏经纸的代称。

《秘殿珠林·石渠宝笈》由乾隆皇帝下令编纂。乾隆中期，海内安定，皇帝雅尚翰墨，本身就是诗人兼书法家，对用纸亦有讲究，以佳纸呈献皇帝者，有机会得到御笔题诗。宋代的藏经纸种类虽多，但诸如"法喜大藏"经纸，钤盖的只是写造经藏的寺院名，唯独金粟笺上所钤"金粟山藏经纸"六字印是真正意义上的纸名，很有标志性。"金粟"这个名字又兼有吉祥美好的寓意，献纸者纷纷以各种宋藏经纸来充当金粟笺。

乾隆帝《用金粟藏笺书经竭尔成诗辄书于后》诗云："昔彼金粟山，制此藤苔质。杀青印法华，青莲辉佛日。巧擘始何人，云影犹余霭。品过澄心堂，用佐随安室。……"他对金粟笺尤为钟爱，认为其品质超过澄心堂纸。诗中还提到，金粟笺是用"藤苔"所制。而潘吉星曾化验海盐金粟寺及法喜寺的北宋大藏经纸，发现其原料不同，有麻纸，也有桑皮纸，以皮纸居多。

"铺笺见此代犹宋，试笔惭他鹅换群。"① 在皇帝的颂扬之下，金粟笺声名日渐显赫。乾隆帝曾诏令官纸局对其进行仿制，但可不是所有仿品都有资格成为"金粟笺"，只有质检合格者，方可盖上"乾隆年仿金粟山藏经纸"朱印。

---

① 语出乾隆帝《题金粟笺》。这句诗的大意为：把金粟笺铺陈在桌面上，可以见到它是宋代的遗物；用它来试笔，不由得惭愧自己的书法比不上写经换鹅的王羲之。

三、谢公笺是谢景初创制的吗

中国古代有一些以创制者命名的纸张，比如东汉的蔡侯纸、左伯纸，南朝的张永纸，唐代的薛涛笺，等等。宋代也有以人得名的纸张，那便是谢公笺。元代蜀人费著在《笺纸谱》里写道："纸以人得名者，有谢公，有薛涛。所谓谢公者，谢司封景初师厚。师厚创笺样，以便书尺，俗因以为名。"

在介绍谢公笺之前，我们不妨先说一说常与之并提的薛涛笺。唐代女诗人薛涛曾居于成都浣花溪畔，自制深红色小笺，人称薛涛笺，

杭州市富阳区谢墓村

又称浣花笺。所谓"笺"，是指供题诗、写信用的纸张，较为精致。《天工开物》载："薛涛笺，亦芙蓉皮为料，煮糜，入芙蓉花末汁……其美在色，不在质料也。"

薛涛与唐代的许多文人名士都有来往酬唱，诸如白居易、张籍、王建、刘禹锡、杜牧、张祜等，曾在西川节度使韦皋府里担任女校书，还与元稹谈了一场兰因絮果的恋爱。薛涛写给元稹的《牡丹》就讲到她自制的纸笺，"泪湿红笺怨别离"。由于这些名人的加持，再加上时人的传颂，如李商隐的"浣花笺纸桃花色"、韦庄的"泼成纸上猩猩色"，薛涛笺逐渐名扬天下。

宋人描写薛涛笺的诗词就更多了，如"乞我浣花溪上春"（林逋）、"西来万里浣花笺"（司马光）、"薛涛笺上楚妃吟"（张元幹）、"题浣花笺当折柳"（方回）、"薛涛笺上相思字"（张炎）等等。《笺纸谱》载，"涛所制笺，特深红一色尔……范公成大亦爱之"，范成大还是薛涛笺的"粉丝"。

至于"谢公笺"，此"谢公"非"脚着谢公屐"的彼"谢公"（谢灵运），而是北宋时杭州富阳人谢景初（1020—1084），字师厚。他是宋仁宗庆历六年（1046）进士，曾知越州余姚县，迁吏部司封郎中，后任成都府路提点刑狱。话又说回来，谢灵运祖上是陈郡阳夏（今属河南）人，而谢景初的祖上也是阳夏人，其高祖父谢懿文因仕吴越钱氏才迁居富阳。谢景初和谢灵运都系出陈郡谢氏，说不定祖上还真有葭莩之亲。

谢景初在成都任上时，取法同样源自蜀中的"薛涛笺"，改变原料，改革工艺，用腌、漂等办法，创制出"谢公笺"；其在原有的深红色基础上，发展出十种颜色，故又名"十色笺"。《笺纸谱》称："谢公有十色笺，深红、粉红、杏红、明黄、深青、浅青、深绿、浅绿、铜绿、浅云，即十色也。"这深深浅浅、明明暗暗的色彩交错，似乱花渐欲迷人眼，斑斓多姿，赏心悦目。可以想见，其颜值极高。

　　如果说薛涛的交际圈涵盖了当时的半个名人圈，那么谢景初可谓有过之而无不及。谢家本身就是北宋典型的士人家族，在政治和学术方面均有一定成就，谢景初的祖父谢涛、父亲谢绛、二弟谢景温、三弟谢景平等皆有名望。谢景初的祖母许氏是沈括的姨妈，姑父是梅尧臣，妹夫是王安石的胞弟王安礼，女婿是黄庭坚；他的二弟媳是唐介之女，三弟媳是尹洙之女，而他自己娶了胥偃之女，并因此与欧阳修成为连襟。

　　谢家与范仲淹、范纯仁父子是世交。范仲淹曾造访富阳谢宅，题有《留题小隐山书室》，并在谢景初出任余姚知县时写有《送谢景初廷评宰余姚》。范纯仁跟谢景初曾在成都共事，还因为一同宴饮至深夜，被人打了小报告[①]，后来，谢景初的墓志铭便是范纯仁写的。

　　由于血缘、联姻、师承等关系，宋代文人士大夫之间常常沾亲带故，关系弯弯绕绕，与谢景初直接有关的名人就有这么多，间接有关的就更是不胜枚举。但令人生疑的是，谢景初强大的"朋友圈"及其身后的宋代名人中，似乎没有一人提到过"谢公笺"，直至元代费著才提起有这样一种纸笺。

　　费著说"谢公有十色笺"，反观宋代，倒是可以见到一些提及"十色笺"的文献。譬如苏易简（958—997）的《文房四谱·纸谱》援引李肇《唐国史补》云："纸之妙者，则越之剡藤、苔笺，蜀之麻面、屑骨、金花、长麻、鱼子、十色笺……"或称之为"十样蛮笺"，比如杨亿（974—1020）的《杨文公谈苑》收录了韩溥的《以蜀笺寄弟洎》："十样蛮笺出益州，寄来新自浣溪头。"

　　费著也引用了韩溥的这句诗，评论说："谢公笺出于此乎？"韩溥活跃于五代末宋初，而杨亿去世那年，谢景初才刚出生。杨亿所录韩溥写的这"十样蛮笺"断然不是谢景初创制的。从苏易简转引李肇

的记载可以看出，早在唐代即有十色笺。唐末五代诗僧齐己就得到过友人惠赠的十色花笺，并留有诗篇。

那么，十色笺的创制者又是何人？有人说是薛涛，南宋李石《续博物志》即云"薛涛造十色彩笺以寄"。但这种说法与前文出现了抵牾：薛涛创制的只有深红一色，怎么又成了十色呢？也许李石是受到韩溥诗句的影响，把"十样蛮笺"与薛涛笺混为一谈了。究竟是谁最先染制了十色，没人能说清，兴许就是无名的匠人。

"谢公笺"的得名实则也不是无缘无故的。换个角度或许有助于我们理清思路："东坡肉"之所以被冠以"东坡"之名，倒未必因为这一定是苏东坡首创的（这种猪肉的做法或许早已流传于民间），更大程度上是因为苏东坡的推崇和文人雅趣，以及他响亮的文名。同理，假设"十色笺"早已有之，那么可能性比较大的情况是，谢景初对这种笺纸大力推崇，曾亲自制作或改良。

一种物品因为一位名人的推崇而得以冠名，且作为一种文化符号流传，是人们乐见其成又热衷参与的。拥有"冠名权"的绝非等闲之辈，范纯仁为谢景初写的墓志铭提及："公既少有才名，天下皆闻风企服。"可见，谢景初在当时拥有不凡的才名。由此，史书上留下了属于"谢公笺"的亮丽一笔。

让我们再次细数谢公笺那五光十色的浪漫：深红、粉红、杏红、明黄、深青、浅青、深绿、浅绿、铜绿、浅云，若红莲镜池，如彩云出崖，五光徘徊，十色陆离。谢景初曾作诗曰："心惜吏闲文酒乐，雅欢未既即离觞。"事实上，他大可不必感慨"雅欢未既"，自有流芳后世的谢公笺，悠悠继风雅，脉脉助清欢。

四、冷金笺被哪些宋人写进了诗词

宋宁宗开禧三年（1207）秋，八十三岁的陆游写了一首七律《秋晴》：
"身健心闲百虑轻，秋晴未必减春晴。晨窗暖日烘花气，午枕微风送鸟声。
韫玉砚凹宜墨色，冷金笺滑助诗情。少年风味嗟犹在，虚道归休学力耕。"
有别于陆游留给人们那忧国忧民的整体印象，这首诗的基调是清新愉
悦的。

是年，陆游晋封渭南伯，食邑八百户；韩侂胄主持的开禧北伐仍
在持续，金大将仆散揆病死于军中，形势对宋有利。无怪乎一心渴望
国家统一的陆游，能有这样的
好心情了。没多久，陆游志同
道合的老友辛弃疾去世，临终
时还大呼"杀贼"。紧接着，
在金人授意之下，韩侂胄被史
弥远与杨皇后暗杀，函首送至
金廷乞和。北伐惨淡收场，陆
游悲怆至极，最终在写下绝笔
《示儿》后逝于家中。

"冷金笺滑助诗情"，这
诗情，可以像《秋晴》那般愉悦，
也可以像《示儿》这样悲怆。
而作为载体的冷金笺，又名冷

陆游像

金纸，也是宋人常用的一种纸张。米芾《书史》写道："王羲之《玉润帖》，是唐人冷金纸上双钩摹。"看来此纸唐已有之。在宋代，除陆游外，冷金笺还"助"了许多骚人墨客的"诗情"。

陆游活了八十五岁，与他颇有私交的前辈史浩则活到八十九岁。有一次，他们二人一同饮酒，陆游诗兴大发挥就一首，史浩随即和了一首《生查子·即席次韵陆务观》，务观是陆游的字，次韵即按照原诗的韵和用韵的次序来和诗。这首《生查子》中有一句"已擘冷金笺，更酹玻璃碗"。冷金笺或许是比较优雅的意象，被史浩信手拈来填入词中。

像史浩、陆游那样高寿的，在当时毕竟是极少数，而北宋政坛有一位"老寿星"文彦博，享寿九十二岁，他也曾写到过冷金笺，诗名曰《蜀笺》："素笺明润如温玉，新样翻传号冷金。远寄南都岂无意，缘公挥翰似山阴。"由这首诗可知，冷金笺也是蜀笺的一种，质地明润，恰似温和的美玉。

曾与文彦博共事的司马光，年轻时写过一首五言长诗《送冷金笺与兴宗》，记录了他把冷金笺送给朋友邵亢（字兴宗）的事情。诗中提到"十载为举首，于今犹陆沉"，司马光感慨邵亢中进士已经十年了，但至今仍仕途不显，这既是他在说友人，也可能是他的一种自况。诗的开头讲道：

> 蜀山瘦碧玉，蜀土膏黄金。
>
> 寒溪漱其间，演漾清且深。
>
> 工人剪稚麻，捣之白石砧。
>
> 就溪沤为纸，莹若裁璆琳。
>
> ……

与梅尧臣在《答宋学士次道寄澄心堂纸百幅》中记述的澄心堂纸制造过程相似，冷金笺也是寒冬时节在溪边浸泡原料，原料可能是麻，用石硪春捣，然后就着溪水漂洗、抄制，最后的成品大概也像澄心堂纸一般"坚滑若铺玉"——司马光用"璆琳"来形容冷金笺，就是说它如同古代的美玉那样。

元代费著的《笺纸谱》载："蜀笺……最下者曰冷金笺，以供泛使。"历史学家邓之诚在《骨董琐记》中谈到冷金笺，引用了司马光的《送冷金笺与兴宗》，然后评价说："按费著云：蜀纸最下者冷金笺，据此当不尽然。"毕竟根据司马光的诗，冷金笺"莹若裁璆琳"，想来品质不会差。

司马光写《送冷金笺与兴宗》时那种"于今犹陆沉"的境遇只是暂时的。后来，他历仕仁宗、英宗、神宗、哲宗四朝，编撰《资治通鉴》，位至台辅，去世后得到了人臣中"谥之极美，无以复加"的谥号——文正。史载他孝友忠信，恭俭正直，于物澹然无所好，于学无所不通，常常会"日力不足，继之以夜"，堪称儒学教化下的典范。

北宋时有个名人辈出的巨野晁氏家族，其中有一位晁说之，因为仰慕司马光（号迂叟）之为人，自号景迂生，意思是景仰迂叟的后生。晁说之收到过侄儿晁迈寄来的冷金笺，写了一首七绝《试迈侄所寄冷金笺》："不烦钟鼓强吹箫，自有诗书共郁陶。暖玉何年来比德，冷金即日得抽毫。"这说的是用冷金笺来试墨。

出身巨野晁氏的晁补之，是晁说之的族兄，也是"苏门四学士"之一。他的恩师苏轼也曾用冷金笺试墨，评论说："世言蜀中冷金笺最宜为墨，非也。惟此纸难为墨。尝以此纸试墨，惟李廷珪乃黑。"苏轼经过试验后发现，只有南唐造墨家李廷珪造的那种墨，才在冷金笺上显黑。

南宋赵蕃（他是陆游的"笔友"，比陆游还长寿，享年八十七岁）的《从赵崇道求蜀纸五首（其四）》有云："麻纸敷腴色胜银，冷金凝滑倍精神。"陆游也提到"冷金笺滑"。根据我们现在的生活经验，如果一种纸表面比较光滑，那么就需要用出墨充沛且稳定的笔来书写，比如说记号笔。古人用毛笔写字，光滑的纸面会加快运笔速度，结合苏轼所说"此纸难为墨"，看来冷金笺是不太吸墨的。

据《中华书法篆刻大辞典》，冷金笺又称金银花纸、洒金纸，在色纸上加工装饰有金、银片或金、银粉。这些片状或粉状的装饰物要用胶矾固定于纸张表面，也难怪纸面光滑、渗透性不强，较难吸墨了。1973 年，新疆出土的阿斯塔那高昌时期（500—640）所产之冷金笺，是现存最早之实物。由此推测，冷金笺出现的时间说不定还要早于唐代。但它的真正流行，似乎还是从宋代开始。

"凉飔方开一幅天，疏星点缀冷金笺。"明代杨慎描写冷金笺"疏星点缀"，倒是很形象地点出了它的特点。而文彦博、司马光、晁说之、史浩、陆游、赵蕃……这些宋代文人雅士的记载，也如同疏星点缀，在诗词的星河当中熠熠生辉，定格下冷金笺那明润如玉的倩影。

五、从春膏纸说开去

自古以来，蜀中就是全国重要的造纸基地，我们在前几节提到的十色笺、冷金笺等等，都可以归为"蜀笺"。而从宋代开始，江浙一带所产的"吴笺"逐渐与之平分秋色，其中以春膏纸为代表。南宋陈槱《负暄野录》载："吴人取越竹，以梅天水淋，晾令稍干，反复碓之，使浮茸去尽，筋骨莹澈，是谓春膏，其色如蜡。若以佳墨作字，其光可鉴。故吴笺近出，而遂与蜀产抗衡。"

从这里，我们可以知道，春膏纸取材于竹子，是一种竹纸。在梅雨季节砍伐青竹沤制，蒸煮后反复捣细，去掉杂物，做出的纸发墨可爱。春膏的原意是春雨，宋人有诗曰"一夜春膏涨碧溪"；除此之外，也可以指春天肥沃的土地。《负暄野录》又载："吴门孙生造春膏纸，尤造其妙。"吴地有一位姓孙的匠人，造出的春膏纸品质尤佳。陈槱特意为此写了一首诗：

王安石像

膏润滋松雨，孤高表竹君。

夜砧寒捣玉，春几莹铺云。

越地虽呈瑞，吴天乃策勋。

莫言名晚出，端可大斯文。

从用麻料破布过渡到用树皮纤维造纸，是技术上的一大进步；从用木本植物茎的韧皮部到利用整个茎造纸，则又是一大进步。竹纸就是用竹的整个茎，经一系列复杂工序处理后最终成纸的。麦秆纸、稻草纸也是按竹纸的原理制造的。竹纸的起源有晋代说、唐代说、北宋说等。东晋葛洪的《抱朴子外篇》提到"逍遥竹素，寄情玄毫"，有人认为"竹素"就是竹纸。

唐代李肇《唐国史补》有"韶之竹笺"一语。唐末冯贽《云仙杂记》中有"洪儿纸"的记载，谓："姜澄十岁时，父苦无纸，澄乃烧糠煏竹为之，以供父。澄小字洪儿，乡人号'洪儿纸'。"说是唐代有个叫姜澄的十岁男孩，他的父亲没钱买纸，他就烧糠煏竹做成纸，以供应父亲。姜澄小字洪儿，所以这种竹纸被称为"洪儿纸"。

唐代中后期，竹纸已经初露头角，但产地不广、产量有限，还没有引起人们的广泛注意。竹纸的真正发展是在北宋以后，迄今我们所能看到的最早竹纸实物也是从北宋开始的。所以苏轼对竹纸感到很新鲜，他写道："昔人以海苔为纸，今无复有；今人以竹为纸，亦古所无有也。"而陆游诗词中提到的"归来写苔纸""苔纸闲题溪上句"，以及"韶之竹笺""洪儿纸"的记录，可以证明苔纸"今无复有"、竹纸"古所无有"的说法是有待商榷的。

当然，古代的信息不像现在这样流通，从苏轼的视角来看，他以为竹纸是新奇的事物也情有可原。

北宋时期关于竹纸的文献较多，且比较明确。宋初苏易简所著《文

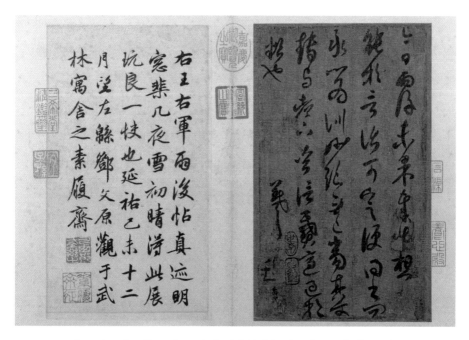

书于竹纸的王羲之《雨后帖》（宋摹本）（现藏于故宫博物院）

房四谱·纸谱》记载："今江浙间有以嫩竹为纸，如作密书，无人敢拆发之。盖随手便裂，不复粘也。"可见在北宋初年，苏易简接触到的竹纸比较脆弱，揭开便破，不易复原，也就是纸的坚固性和韧性较差。其后，竹纸经历了由粗到精的进化。《负暄野录》称："今越之竹纸，甲于他处。"秦汉以来的会稽郡，在隋唐改称越州，北宋时，越州所产竹纸独步天下，质量大有改进。

越州竹纸拥有一大批拥趸，譬如北宋书画家米芾诗云："越筠万杵如金版，安用杭油与池茧。"杭州由拳藤纸（"杭油"）、池州皮纸（"池茧"）都是当世名纸，但在米芾眼中，它们都比不上越州竹纸。米芾的好友、与之并称"米薛"的薛绍彭也有诗赞曰："越竹滑如苔，更须加万杵。"陆游的老师曾几连写三首赞美剡溪竹纸的诗，每一首的开头都是"会稽竹箭东南美"。

如若让这些宋代竹纸的"粉丝"们推举一个"大粉",大概率将由王安石当选。南宋邵博《闻见后录》载:"司马文正平生随用所居之邑纸,王荆公平生只用小竹纸一种。"王安石位至宰相,敕封荆国公,世称王荆公。此人就像荆棘一般,脾气很硬,一旦认定的事情,十头牛也拉不回来,故有"拗相公"之称。他的"拗"劲儿体现在方方面面,就连用纸都只认准一种,那就是时兴的小竹纸。这与司马光形成了鲜明对比,因为司马光用纸不拘特定种类,往往使用居住县邑出产、销售的纸张,没有非用哪种不可。没承想,这两人不仅在政治立场上势同水火,就连平日里用纸都大相径庭。

针对王安石只肯用小竹纸这个问题,后世论者还掐起了架,如南宋袁文在《瓮牖闲评》中说:"《闻见后录》载,王荆公平生用一种小竹纸,甚不然也。余家中所藏数幅却是小竹纸,然在他处见者不一,往往中上纸杂用……"他认为《闻见后录》的说法过于绝对,袁家所收藏的几幅王安石真迹的确用的是小竹纸,但在其他地方看到的用纸不一,往往是中上等的纸张杂用。

宋高宗绍兴元年(1131),越州升为绍兴府,领会稽、山阴、萧山、诸暨、余姚、上虞、嵊县、新昌八县。宋宁宗嘉泰年间(1201—1204),担任过绍兴府通判的施宿主持撰写了一部《嘉泰会稽志》。该志风格独具,不同流俗,被誉为宋志中难得的佳志。这部志书内容丰富,其中专门讲到越地所产竹纸,上品者有三,名为"姚黄""学士""邵公"。

施宿把竹纸的优越性归纳为五点:一是纸质光滑细腻,二是容易发墨,三是行笔流畅不泄,四是收藏年代久远而墨色不褪,五是不易遭虫蚀。("滑,一也;发墨色,二也;宜笔锋,三也;卷舒虽久,墨终不渝,四也;性不蠹,五也。")第五点应该说夸大了些,因为在所有纸中,竹纸最易蛀蚀,前面四点倒没夸张。

虽然对"平生只用小竹纸"有争议，但王安石对竹纸的偏爱是毋庸置疑的。《嘉泰会稽志》记载："自王荆公好用小竹纸……士大夫翕然效之。"由于王安石的影响力，时人争相效仿，竹纸不仅备受权贵青睐，也走入寻常百姓家。从春膏纸这个"吴门之秀"，蜕变成小竹纸这个"邻家姑娘"，更接地气了。

六、玉版纸是用什么原料制成的

"书中自有千钟粟","书中自有黄金屋","书中自有颜如玉",这是宋真宗赵恒《励学篇》当中的名句。"颜如玉",即容貌如玉,代指美女。古往今来,玉都是色泽丽润、质地细腻且坚韧的代表,宋代出现了一种玉版纸,光听名字,便足以想见其光洁紧致之貌。

将纸比作美丽的少女,在宋人看来早已不新鲜了。北宋诗人陈师道《酬颜生惠茶库纸》有云:"南朝官纸女儿肤,玉版云英比不如。"南朝官造纸张(茶库纸)就像女孩的肌肤那样,比玉版纸还要娇嫩。后者自然是足够优秀,才被用来当作媲美的对象。玉版纸莹润如玉,颜值这么高,也顺理成章地成了馈赠佳品。

宋哲宗元祐二年(1087),时任著作佐郎、集贤校理的黄庭坚写了一首《次韵王炳之惠玉版纸》,说的便是他的友人王伯虎,字炳之,将玉版纸惠赠于他。无独有偶,南宋文学家陈耆卿在《嘉定赤城志》中有这样一段记述:

> 苏文忠轼杂志云:"吕献可遗余天台玉版,过于澄心堂。"①……今出临海者曰黄檀,曰东陈,出天台者曰大澹,出宁海者曰黄公,而出黄岩者以竹穰为之,即所谓玉版也。

---

① 《东坡志林》卷十二说:"李献之遗予天台玉版,殆过澄心堂,顷所未见。"

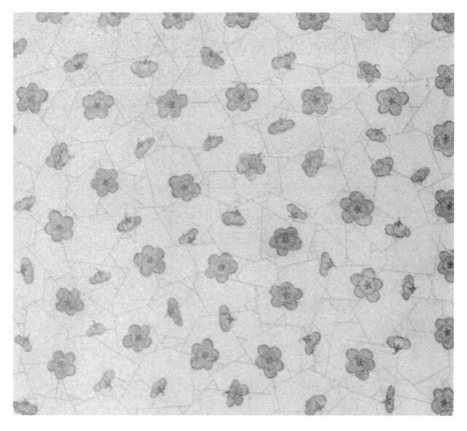

梅花玉版笺（现藏于故宫博物院）

吕诲（1014—1071），字献可，是北宋宰相吕端的孙子，也是有名的诤臣，为人耿直，与苏轼素有交往。《嘉定赤城志》转引了苏轼的记载，说吕诲曾赠予苏轼一些玉版纸，品质绝佳。看来人们都喜欢与澄心堂纸来作比较，评价某种纸质量好，一句"胜过澄心堂"就是极高的赞誉了，连大文豪苏轼也未能免俗。

或许是得到吕诲赠送的玉版纸之后，苏轼开始拿这种纸来试墨。为此，他写了一篇题为《试墨》的小文："世人言竹纸可试墨，误矣。当于不宜墨纸上。竹纸盖宜墨，若池、歙精白玉板，乃真可试墨，若于此纸上黑，无所不黑矣。褪墨石砚上研，精白玉板上书，凡墨皆败矣。"

世人都说竹纸适合拿来试墨，苏轼则认为，池州、歙州所产的玉版纸更宜于检验墨的质量。玉版纸纸面莹润，纸质厚实，能够承受浓墨笔触的压力。如果写在玉版纸上，墨色显黑，那无论写在哪里都没有不黑的了。此外，砚也很重要，如果用不发墨的细石砚研墨，在玉版纸上写，那所有的墨都是坏墨了。

宋代李纲诗云"玉版尤宜墨点凝"，看起来，玉版纸宜于试墨并非苏轼的一家之言。宜于试墨的纸就是好纸吗？答案是肯定的，这和现代人要用好的音响来试音是一样的道理。家电城里播放着美妙音乐的音响，无一不在向顾客宣扬着：瞧一瞧，听一听，我的音质多好啊！

南宋陈槱《负暄野录》写道："新安玉版，色理极腻白，然质性颇易软弱。今士大夫多糨而后用，既光且坚，用得其法，藏久亦不蒸蠹。""新安"是歙州的郡号。此地出产的玉版纸颜色洁白，质感细腻，不过强度不高。宋代的士大夫设法用糨糊将两张纸粘在一起，其品质大有提升，光洁坚毅，即使存放很久，也不会遭虫蛀。

《嘉定赤城志》称玉版纸产自天台、黄岩一带，是用"竹穰"，即竹竿里面的白色部分制成的，说白了是一种竹纸。而苏轼的《试墨》则另持一说，称玉版纸出于池州、歙州，这与陈槱《负暄野录》的说法基本一致；虽然没有直接写到此纸的用料，但根据"竹纸盖宜墨，若池、歙精白玉板，乃真可试墨"这句话，细审其言外之意，是说竹纸与玉版纸实乃两种不同的纸张。

如果不是用竹子做的，那是用什么做的呢？苏轼自己在《孙莘老寄墨四首（其二）》中作了解答："剡藤开玉版。"这位大才子说，玉版纸是用藤制成的。古时，曹娥江上游的剡溪流域古藤甚多，可用于造纸，所以有"剡藤纸"之说。皮日休诗曰"剡纸光于月"，月也是美的象征，与玉版纸的"颜如玉"倒是产生了某种通感。

苏轼的《六观堂老人草书》亦云："剡藤玉版开雪肤。"雪肤，字面意是雪白的皮肤，也可以引申为雪白的纸张。写下"南朝官纸女儿肤，玉版云英比不如"的陈师道，是"苏门六君子"之一，常与苏东坡相唱和，为江西诗派的代表之一。仅从这两句就可窥见，他的诗风也颇受苏轼影响。说不定就是这"剡藤玉版开雪肤"，给了陈师道将玉版纸和"女儿肤"相联系的灵感。

玉版纸的原料除了用竹、用藤，还有第三种说法。南宋袁说友《蜀笺谱》①介绍："今天下皆以木肤为纸，而蜀中乃尽用蔡伦法，笺纸有贡余，有经屑，有表光。玉版、贡余杂以旧布、破履、乱麻为之。"这段话提到，宋时，蜀中还在沿用东汉蔡伦的造纸方法。

什么是"蔡伦法"？蔡伦发明蔡侯纸之时，用的原料是树皮、麻头、破布、旧渔网。麻的来源多是麻头、破布、渔网等废旧物品，虽产量不大，但容易收集，处理起来又比树皮容易，因此麻纤维在最初占据着主导地位。随着纸张需求量的增大，东汉至三国时期广泛使用的破布、树皮、破渔网等，已经渐渐满足不了需要了。在大量使用麻和树皮的基础上，人们又新开发使用的原料有藤皮、竹、草等。《蜀笺谱》称，玉版纸的原料不是藤，不是竹，而是各种麻类纤维，也就是当年蔡伦使用的那些材料。

"一帘春水琉璃滑，万叠晴云玉版光。""玉版"之名深得人们喜爱。后来，有人把两层宣纸黏合起来，制成一种洁白厚实、品质绵韧的复合宣纸，取名为"玉版宣"。不过，这与玉版纸又是两码事。宣纸用料独特，由青檀树皮制成，玉版宣是宣纸的复合，而玉版纸则是普通白纸的复合。至于这玉版纸的用料是竹，是藤，还是麻，倒还真是个未解之谜了。

---

① 一说为元代费著所著。

七、宋徽宗喜用的瓷青纸

北宋后期，宋哲宗赵煦年纪轻轻便龙驭宾天，没有留下儿子，他的弟弟端王赵佶（1082—1135）被从天而降的皇位"砸中"，成了宋徽宗。徽宗皇帝虽然与"明君"八竿子打不着，但艺术造诣极高，擅书画，能诗词，广收古物，对于瓷器更是钟爱有加。宋哲宗元祐初年，汝窑继定窑之后为宫廷烧造瓷器。或许是因为宋徽宗有着别具一格的审美追求，到了他在位期间的大观、政和年间，北宋朝廷于汴京附近建窑场，专门烧制宫廷用瓷器，这就是北宋官窑。

宋代有汝、官、哥、钧、定五大名窑，这些瓷窑所产器皿制造工艺精良，有的胎体较薄，就宛如一层纸。所以，人们有时用"胎薄如纸"来形容宋代瓷器。当代诗人流沙河在讲到"喻象"时曾说，比喻春草"碧绿如茵"（茵是垫席），不但陈腐，而且殊少趣味，因为喻体（垫席）距离本体（春草）太近了。而"纸"和"瓷"这一对喻体与本体倒是相距得比较远，给人以丰富的联想空间。

既然有像纸一样的瓷，那么反过来，有没有像瓷一样的纸呢？

有的，宋代就有。该纸以"瓷"为名，叫作"瓷青纸"。1966—1967年，浙江瑞安仙岩慧光塔发现一批佛经，其中有瓷青纸《妙法莲华经》残卷，高28厘米，残长688.2厘米，金丝栏银书，少数字如"佛"等金书。另有《大方广佛华严经普贤行愿品》一册43页，用金描花卉的瓷青纸作套。另外一部经书上有仙岩寺住持灵素写于大中祥符三年（1010）及女弟子孔氏十六娘庆历三年（1043）舍入塔中的纪年文字。

实际上，瓷青纸有许多不同称呼，又称为磁青纸、磁蓝纸、鸦青纸等等。明代周嘉胄《装潢志》云："宋徽宗、金章宗多用磁蓝纸，泥金字，殊臻壮伟之观。"宋徽宗作为书画家，对于纸张也颇为挑剔，一种纸能入他的法眼，可见不俗。至于金章宗完颜璟也喜用瓷青纸，这其中又有什么渊源吗？

南宋周密的《癸辛杂识》续集中有"章宗效徽宗"这样一条记载："金章宗之母，乃徽宗某公主之女也。故章宗凡嗜好书札，悉效宣和，字画尤为逼真，金国之典章文物，惟明昌为盛。"宣和、明昌分别是宋徽宗、金章宗在位时的年号。周密说金章宗的母亲是宋徽宗公主的女儿，换言之，金章宗是宋徽宗的曾外孙。且不论这两位皇帝是否真的血脉相连，他们在审美上倒颇有些相似之处，比如金章宗就和宋徽宗一样，喜欢在瓷青纸上用泥金写字。

前文讲到像纸一样的瓷，是说这种瓷比较薄；由此不难反推，像瓷一样的纸，这种纸应该比较厚了。的确，瓷青纸一般较厚重，可分层揭开（如同金粟笺），染以靛蓝——蓝草浸沤而成的液体，其色如瓷器的青釉，正所谓"青，取之于蓝，而青于蓝"。瓷青纸表面有时会加蜡并砑光。

靛蓝是一种很深的蓝色。生活常识告诉我们，如果用黑笔在深色纸上写字，看的时候很费眼睛，远远不如"白纸黑字"那般

宋徽宗坐像

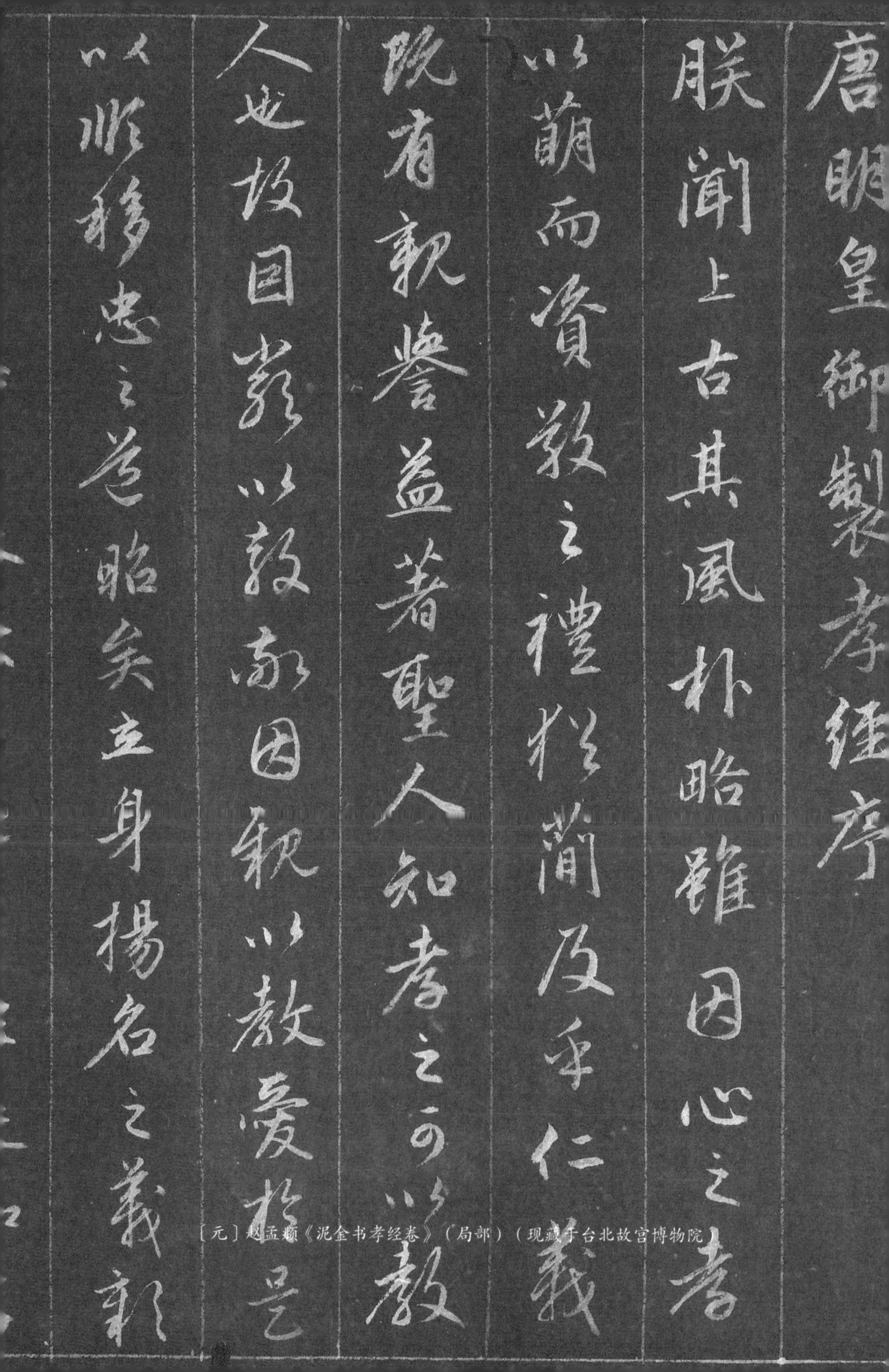

唐明皇御製孝經序

朕聞上古其風樸略雖因心之孝

已萌而資敎之禮猶簡及乎仁義

既有親譽益著聖人知孝之可以教

人也故因嚴以教敬因親以教愛於是

以順移忠之道昭矣立身揚名之義彰

[元]赵孟頫《泥金书孝经卷》（局部）（现藏于台北故宫博物院）

字迹清晰。同理，用墨在瓷青纸上书写，字迹也不宜显；而将金粉分散于胶水中写成金字，在瓷青纸的反衬下则颜色鲜明，这种写法就叫"泥金"。

瓷青纸为五代至宋代所造，对后世很有影响。宋代雕印的佛经取代写本后，瓷青纸被用作卷轴的引首或包首。1978年，苏州瑞光寺塔出土了北宋雍熙年间（984—987）刻本《妙法莲华经》，其卷轴引首即为瓷青纸。同塔还出土了五代吴大和辛卯年（931）泥金书瓷青纸《妙法莲华经》，卷首还有泥金绘经变①人物图。

北宋郭若虚《图画见闻志》载："彼使人每至中国，或用折叠扇为私觌物，其扇用鸦青纸为之。"说的是高丽使者来中国，与接待臣僚以私人名义彼此馈赠时，都会以鸦青纸（即瓷青纸）做的折扇作为礼物。这种折扇，色蓝黑如鸦羽而有光泽，其上绘有人物、鞍马、花木、水禽等图案，点缀精巧。

黄庭坚曾请求友人染制瓷青纸，作《求范子墨染鸦青纸二首》：

其一

学似贫家老破除，古今迷忘失三余。

极知鹄白非新得，谩染鸦青袭旧书。

其二

深如女发兰膏罢，明似山光夜月余。

为染溪藤三百个，待渠湔拂一床书。

"鸦青"是中国传统色彩名词，也称"鸦色"，指鸦羽的颜色，即黑而带有紫绿光的颜色。瓷青纸的色彩，深得像用泽兰炼成的油脂

---

① 经变：用画像来解释某部佛经的思想内容。

滋润过的少女头发,它明丽的光泽皎若山间的月亮。"为染藤溪三百个",这似乎说明瓷青纸是由藤所制。不过,有研究者通过对1978年苏州瑞光寺塔出土的《妙法莲华经》刻本进行显微分析,确认其原纸为桑皮纤维所造。

也有人说,瓷青纸与唐宋的青藤纸大同小异,为一脉相承的染色纸。唐代李肇《翰林志》曰:"凡太清宫道观荐告词文,用青藤纸朱字,谓之青词。"青词,亦称绿章,是道教举行斋醮时献给"天神"的奏章祝文,因用朱笔写于青藤纸上,故名。青词一般为骈俪体,在宋人的集子中十分常见。宋徽宗极尊信道教,自称"教主道君皇帝",还曾亲撰青词①。明代时道教盛行,臣工争相写青词以邀圣宠,出现了不少"青词宰相"。

"素馨十幅磁青纸,摹出西山雾雪图。"这是清代饶智元《宣德宫词》记录的题明宣宗御画诗。据说,瓷青纸就是因为与明宣德青花瓷色泽相似而得名。不过早在明宣宗的三百年前,宋徽宗已经用这种纸写字作画,说不定还用它写了青词。瓷青纸的第一个帝王级"粉丝",非宋徽宗莫属。

---

① 宋徽宗有《道君太上皇帝御制青词一首》。篇名当是宋徽宗退位后,为时人所定。

八、高丽纸缘何在宋颇有人气

造纸术是我国古代四大发明之一，它的发明为人类创造了一种价廉物美的文化载体，对记载和传播人类文明起着巨大的推动作用。自公元 3 世纪起，这项新技术就不断地传播到世界各地，并逐渐取代了各地原用文字载体。"近水楼台先得月"，与我国壤地相接的朝鲜半岛，是最早学习造纸术的地区之一。

三国时，中国百姓为避乱涌入朝鲜半岛，造纸技术也随之传去。当时的朝鲜半岛也是三足鼎立，有高句丽、百济、新罗三个封建国家。公元 7 世纪，新罗统一朝鲜半岛，在此期间，该地区的造纸技艺不断发展。公元 918 年，九州大地正值五代十国前期，朝鲜半岛上的封建领主王建建立了高丽政权，定都开京（今朝鲜开城）。公元 936 年，王建统一朝鲜半岛，这一年，后来成为宋太祖的赵匡胤十岁了。直至公元 1392 年，也就是明太祖朱元璋痛失太子朱标的那一年，王氏高丽才为李氏朝鲜所取代。可以说，高丽王朝见证了两宋兴衰的全过程。

朝鲜半岛的手工纸传入中国的时间一般认为在唐朝，有研究者指出，唐代新罗的鸡林纸就是献给中国的贡纸。其大量出口的时间为王氏高丽时期，大致对应中国的宋元时期。这种"进口纸"纸张厚实牢固、光滑洁白，适合书写，国人十分喜爱，因为当时这种纸产自高丽国，国人便称其为"高丽纸"。

高丽国纸张制造原本以楮树皮为原料。楮树的内皮是一种很好的造纸原料，与麻类纤维的黄褐色原色相比，楮纸色泽洁白，而且强度也高。南朝宋刘义庆的《幽明录》里写了一个故事：汉明帝永平五年（62），剡县的刘晨、阮肇一起去天台山采榖皮，遇两仙女，在山中住了半载，返家时竟已是沧海桑田、樵柯烂尽。南朝梁陶弘景《名医别录》里记载："楮，即今构树也，南人呼榖纸为楮纸。"虽说人们对于在公元 1 世纪就可以造楮纸有争议，但在南北朝用楮皮造纸应是不争的事实。风雅的古人为楮纸起了很多绰号，譬如"楮知白""楮待制""楮国公""楮先生"等等，这些拟人化的称呼，折射出人们对它的喜爱。

楮树是一种落叶乔木，造纸需求量的大增致使其树皮短缺，高丽人转而使用桑皮。桑皮是由桑树幼嫩枝条或茎剥取而得的内皮，桑树纤维细长，韧性也好，是优良的造纸材料，造出的纸张柔韧有劲，质量很好。桑皮纸可以分为"生纸"和"熟纸"，前者是指未加工的黄纸，后者指的是加工后变得洁白的纸张。

桑皮纸在古代有"汉皮纸"之称。据《大唐西域记》记载，汉时，西域没有丝绸，汉朝为了不泄露养蚕的秘方，禁止携带蚕种出关。于阗（今属新疆）国王想了一条妙计，来汉朝求亲，并在迎亲时密求公主将蚕茧藏在帽子里，躲过边防军士的搜查，带到于阗。自此，于阗也开始植桑养蚕、抽丝织绸，以桑皮为原料的造纸工业也在当地流传开来。由于这位汉家公主，桑皮纸又被称为汉皮纸。

高丽国造纸技艺沿袭中国的造纸术，纸张纤维长，较厚，纸帘常为粗帘纹，韧性强。宋代士大夫常以高丽纸为赠送友人的礼物，如北宋进士韩驹在《谢钱珣仲惠高丽墨》诗中说："王卿赠我三韩纸，白若截肪光照几。"古代朝鲜半岛南部有三个小部族，即马韩、辰韩、弁韩，合称"三韩"，三韩纸就是高丽纸，颜色和质地白润，就像切开的脂肪。如此白皙且光可鉴人，看来要么是楮纸，要么是桑皮纸中的"熟纸"。

黄庭坚曾将高丽纸作为信纸。他在给友人王立之的一封短信中写道："高丽纸得暇即写。多事，草率。"意思是，这封信是"我"抽

桑皮

空用高丽纸写的，事情很多，信写得很潦草。南宋进士高似孙在《剡录》中也对高丽纸赞赏有加："高丽纸治之紧滑不凝笔，光白可爱，号白硾纸。"也是说这种纸光洁白皙，而且很适合书写。据此，我们可以想象黄庭坚在高丽纸上给王立之援笔飞书的场景。

另一南宋进士陈槱在《负暄野录》中说："高丽纸类蜀中冷金，缜实而莹。"又说："高丽岁贡蛮纸，书卷多用为衬。"高丽纸质地坚实、厚重，像蜀中冷金笺那样，宋人喜欢用其作为书籍衬纸，此外还用它裱画。有史料记载："绍兴府内所藏法书名画，装裱裁制，且有品第，其上等两汉、三国、二王、六朝、隋唐君臣名迹，皆用高丽纸裱，次等以下，或用蠲纸裱，或用拨光昙裱，宋人之宝重高丽纸，认为天下第一，此可征矣。"①大概取的就是高丽纸柔韧之所长。

在宋代，高丽纸的用途逐渐扩大，用高丽纸制作的纸扇、折扇也

① 徐有榘：《金华耕读记》，转引自王菊华等《中国古代造纸工程技术史》，山西教育出版社，2005年，第400页。

采桑（引自清代《蚕织图》）

大受欢迎。邓椿的《画继》写到"高丽松扇"①，云："又有用纸，而以琴光竹为柄，如市井中所制折叠扇者。但精致非中国可及。"

　　宋神宗元丰六年（1083），高丽文宗王徽病逝，顺宗王勋继位，朝廷派钱勰（字穆父）出使高丽，他带回了一些高丽扇分赠友人。张耒（字文潜）即得到了钱勰带回的礼物，作有《谢钱穆父惠高丽扇》。这在当时引起了不小的话题，苏轼有《和张耒高丽松扇》，黄庭坚有《戏和文潜谢穆父松扇》《次韵钱穆父赠松扇》等，酬唱不绝。因其美观耐用，实用性好，国人对高丽扇的需求激增，南宋时临安街上还有折扇铺模仿制造。

　　值得一提的是，"高丽纸"的内涵从古至今发生了巨大变化。刚

---

① 松扇：据传用柔韧松皮编制而成。

传入时，"高丽纸"是国人对高丽王朝所产纸张的统称；之后，我国仿制韩纸抄制的纸张也称"高丽纸"；到近代，河北迁安桑皮纸因酷似韩纸而被称为"高丽纸"；而现当代，"高丽纸"也被认为是帘纹宽、纸张厚的桑皮纸。当然，中国现今的高丽纸已不同于古代的高丽纸，其原料并不是原来单一的桑皮，还加入了木浆、草浆等，加工品质也有优次之分。

参考文献

1. 张大伟、曹江红：《造纸史话》，社会科学文献出版社，2011 年。

2. 汪常明、陈彪：《南唐澄心堂纸考》，《中国书法》2019 年第 10 期。

3. 李晖：《论梅尧臣与澄心堂纸的绵绵情结》，《池州学院学报》2011 年第 5 期。

4. 潘吉星：《中国造纸史》，上海人民出版社，2009 年。

5. 王小丁、宋剑雄：《谢绛研究——遗失在北宋文坛中心的富春小隐山书室主人》，中国文史出版社，2021 年。

6. 姜勇：《金粟山藏经纸流失考》，《中国书法》2018 年第 20 期。

7. 东方暨白主编：《造纸术的历史》，河南大学出版社，2017 年。

8. 陈燮君主编：《纸》，北京大学出版社，2012 年。

9. 李国钧主编：《中华书法篆刻大辞典》，湖南教育出版社，1990 年。

10. 王菊华等：《中国古代造纸工程技术史》，山西教育出版社，2005 年。

11. 辞海编辑委员会：《辞海（第七版）》，上海辞书出版社，2020 年。

12. 陈刚：《中国手工竹纸制作技艺》，科学出版社，2014 年。

13. 陈紫君：《"高丽纸"变迁及性能变化研究》，《档案与建设》2016 年第 7 期。

天工开物

含章蕴藻
HANZHANG WENZAO

一、从一根青竹到一张白纸

电视连续剧《长安十二时辰》第 15 集中，靖安司司丞李必（历史原型为李泌）来到一处造纸坊，里面造的就是竹纸。一位老匠人带他一路参观，并详细介绍了制造流程：

> 水塘里，泡了一百天的新竹，杀青以后送到这儿，再用石灰水煮上八个昼夜，然后取出来漂洗。这样反复多次，经过二十天左右的工夫，这粗料方可用。把这个竹子捣成细泥，只取纤维，过长、过短、过粗、过细都不成。唯有这一节最难：那个竹帘加上水，足有三十多斤，全靠双臂来支撑。料少，薄不堪用；太多，厚而无当，浪费。

其实，倘若将这一场景放到宋代，也是毫无违和感的。

2006 年，以浙江富阳和四川夹江为代表的竹纸制作技艺被列入第一批国家级非物质文化遗产代表性项目名录。2008 年，富阳银湖街道泗洲村发掘出造纸作坊遗址，系我国现存年代最早、规模最大的古代造纸遗址，2013 年被公布为第七批全国重点文物保护单位，展现了宋代先进的生产竹纸工艺流程。

泗洲遗址内出土的"大中祥符二年九月二日记""丙申七月内……至道二年"两块长方砖，分别对应公元 1009 年和公元 996 年，证明遗址存在的时间已经上溯至北宋早期，比 2007 年发掘的江西高安华林造纸作坊遗址早130年左右^①。

富阳口岸屹立着一座蔡伦像，标示着这方水土和纸的深厚联系。南宋潜说友《咸淳临安志》记载："富阳有小井纸，赤亭山有赤亭纸。"富阳县东有赤亭山，相传为上古仙人赤松子驾鹤憩息之地，谢灵运《富春渚》诗中"定山缅云雾，赤亭无淹薄"之赤亭，即为此处。时移世易，但今天我们仍能找到关于小井和赤亭的信息：小井在今富阳区富春街道宵井村，位于泗洲遗址西南约15千米处；赤亭山在今富阳区东洲街道鸡笼山村赤松自然村，位于泗洲遗址东约10千米处。

浙江历来出佳纸，是我国手工竹纸最主要的产区，而且从文献记载和考古发掘成果来看，很可能是竹纸的发源地之一。成书于民国年间的《浙江之纸业》写道："说纸，必说富阳纸。"杭州市富阳区是浙江最重要的手工纸产地。文明史从漫长的"无纸

泗洲遗址铭文砖

---

① 华林遗址内发掘出南宋遗迹、元代遗迹、明代遗迹和明末清初遗迹。

时代"升级到"有纸时代",几乎所有的知识传播形式都产生了对纸的依赖。可是,看似习以为常的纸,却很少有人知道一张纸的生命历程:从林间的一棵树或地上的一丛草,到桌上的一页新纸,或者是一样纸的衍生品,其间有多少精巧的工序与神秘的故事?富阳元书纸①从斫竹开始到制成一张元书纸,共七十多道工序,大源山区因此还流传着"片纸非容易,措手七十二"的谚语。让我们揭开古法造纸的神秘面纱,还原千年之前的造纸流程。

做竹纸,第一步叫作斫青,也就是砍竹。将砍下的竹子背到削竹场,截成长约两米的竹筒。再把截好的竹筒放在事先搭好的竹架上,用半圆形的削刀削去竹皮,先削一半,再掉头削另一半。削下的竹皮称皮青,又称黄料,可作为黄纸原料。削去青皮的竹筒称白坯,为元书纸原料。

富阳做纸,都是先削再腌的,这对后面的工序比较有利。削完竹子,接着就是拷白,双手握住白竹筒的一头,将竹筒在斜置的长方形石块上摔打,让竹筒碎裂成片。还要在石桌或者石墩上,用铁榔头将白竹片的竹节处敲碎。再把竹片砍成段,用竹篾扎成捆,一捆称一页。随后将一页一页的白坯放入料塘,让清水浸泡。

要浸多久呢?如果是小满时削的白坯,浸五到八天就可以了。夏至后削的则要二三十天,甚至更长。也要视竹子种类而定,如果是石竹,浸料时间一般可以较毛竹短。

接着要把白料腌在石灰浆里,浆的浓度也视白料的老嫩而定,越老的越浓,黄料要更浓。再把浆好的白料竖着放在皮镬(即蒸煮的锅子)里,加水浸没竹料,日夜蒸煮,嫩者四五日,老者七八日。熄火后焖一天,第二天取出,随即浸入清水中。

煮料之后是翻滩,人站在水里,将浸清水之料页逐件旋转翻动。

---

① 元书纸:竹纸中的上品,详见后文介绍。

每天要翻一两次，翻后还要将料码竖在木凳上，用木勺盛水浇去里面的灰。这是为了把石灰去干净。如若石灰去除不净，会影响纸张的品相。

翻滩洗干净的白料要重新捆扎，放入尿桶。再就是堆蓬，即浸过尿的白料横放堆叠成蓬，堆腌发酵。然后是落塘，把堆过蓬的白料一页页竖放于料塘中，引入清水浸泡，也可以略浇清尿，为的是让它缓慢发酵。接下来就是舂料了。

所谓舂料，又叫踏料，其作用是使纤维进一步柔化并分散均匀，相当于今天打浆的功效。踏料是竹料基本办好备用、抄纸前的最后一道工序。传统的做法是将竹料放入石槽，石槽内刻有像搓衣板一样的棱纹，赤脚踩碎竹料，竹料被石槽的棱纹摩擦而纤维不断分散、细化和软化，一槽竹料差不多要踩踏两个小时，这样的人力劳动十分辛苦。当然，这只是比较原始的踏料技术，后来都采用了脚碓或水碓舂料技术。

把舂好的竹料放入纸槽，用木耙掏搅，使之在水中分解均匀，成为浆液。做纸师傅即可用竹帘捞起浆液，利用熟练的手中技巧，将多余浆液晃出纸帘，帘上留下一层薄薄且均匀的浆液，这就是一张纸，这道工序就叫"抄纸"，也是最关键的一道工序。

纸槽中的竹料会慢慢下沉，因此抄纸师傅在捞了若干张后，需用木耙搅动几下，让沉淀的竹料渐渐上升，保持浆液的均匀。如此不断反复，湿纸就一张一张增加，叠在一起，成为湿纸块，经过压榨，榨干水分，再到塌弄①的烘墙上烘干，就成了可用的纸张。

至于纸槽中的水，夏天大约半个月换一次，冬天大约一个月换一次。也不完全根据时间，主要根据水质，如果纸浆变质粘在纸槽壁上，就要换水和清洗纸槽了。抄纸时，双手端起抄纸帘，舀起纸浆，前后

---

① 即烘纸的烘房。在小平房的中间起一堵夹墙，两面粉刷平整光洁。夹墙的一头烧火，热量通过中间夹缝，使墙面受热。湿纸贴在墙面烘干后揭下，即为成品。

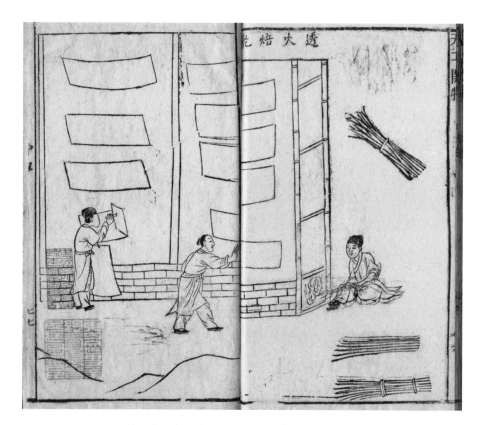

制纸过程中的透火焙干（出自《天工开物》）

左右晃动，向前倒出多余之纸浆，再将纸帘上的湿纸转移到纸床上。

　　随后就是榨纸，即压榨湿纸块，要用到木榨。然而即便用木榨把湿纸块榨干，纸里还含有一定的水分，需要拿到塆弄，把纸一张张揭开，贴到烘墙上烘干。为了追求效率，能不能直接用火烤干？——那是万万不行的。正所谓"欲速则不达"，如果干燥得快了，纸张的张力就大，比较硬，不是那么柔和了。焙墙的墙面是要用鸡蛋清和着石灰糊上去的，表面还要经常涂桐油保持光滑。墙后面有口，口里有炉，往里面添加柴火，就能使墙壁生热，把纸贴在墙上，就能烘干。

　　将半干的纸块放到有一定斜度的纸架上，用鹅椰头在表面划几下，用手指捻开纸的一角，吹一口气，左右手的拇指、食指和中指各捏住纸张上方两只角、慢慢揭起整张湿纸，贴到烘墙上，顺手用夹在右手指缝间的松毛刷快速刷几下，湿纸就平服地粘贴在烘墙上，须臾时间，即揭下成为一张烘干且平整的纸。最后整理一下，剔除破损，按规定张数叠成一刀一刀，整个流程就完成了。

二、周密笔记中的"撩纸"

讲完了富阳竹纸的制作技艺，我们紧接着要说一个与富阳、与造纸有缘的宋代人物。此人姓周，字公谨，精通音律，也许亦曾有"周郎顾曲"的行止，其人"以博雅名东南"，在乱世之中异于流俗、志趣高雅……听此描述，差点要让人以为是汉末的那位"千古风流人物"周瑜周公瑾。只不过，本节的主人公周公谨生于一千多年后的宋末。

南宋绍定五年（1232），富阳县衙内，县令周晋的夫人章氏诞下了一名男婴，取名"周密"。蹒跚学步、牙牙学语，幼年的周密喝富春江水长大，最爱听父母讲严光归隐的故事。在江边打水漂，在山野捉迷藏，在这片山川秀美的土地上，他度过了人生最初的时光。

周家祖籍济南，祖上南渡后居于吴兴。离开富阳后，周密又随父游历四地。父亲周晋儒雅博学，总是善于在所见所闻中提炼出哲理，融入对儿子的谆谆教诲之中；母亲章氏是参知政事章良能之女，出身世家，通诗书，性节俭，婚后相夫教子，可谓贤妻良母。周密是家中独子，父母对他倾注了全部心血，他们常常对儿子讲起在富阳的见闻。

任职衢州时，周晋与同僚杨伯嵒等"载酒论文，清弹豪吹，笔研琴尊"，十分潇洒。此后，周杨两家结为儿女亲家。杨伯嵒的曾祖父是南宋初年名将杨存中（本名沂中），逝后追封"和王"。周密与杨氏女成婚，并以门荫入仕，陆续当过一些小官。

但世道并不太平，南宋德祐二年（1276），元军占领临安城。随着陆秀夫背负八岁的宋末帝在厓山蹈海，南宋王朝彻底覆灭。元初，临安府改称杭州路。周密在吴兴的家宅为兵燹所毁，遂举家迁至妻子的娘家杭州，先后住在洪福桥的杨府、西湖边的杨氏别墅，以及癸辛街的瞰碧园。

从小受严陵高风熏陶的周密立志归隐，同时希望自己的才能有一个用武之地，在"隐于市"的同时做一些"显于世"的事情。故国、故地，是一部他读了大半生的书，这部书，就算读千遍也不会厌倦，他愿用余生去为之作注，为之疏解。他决定当一个文字记录者，为那逝去的王朝记录些什么。

入元不仕的周密笔耕不辍，致力于搜集故国文献，辑录家乘旧闻，著有史料性笔记《武林旧事》《齐东野语》《癸辛杂识》，文艺性笔记《浩然斋雅谈》《志雅堂杂钞》《云烟过眼录》《澄怀录》等。其史料性笔记内容庞博芜杂，涉及人物传记、典章制度、都城胜迹、艺文书画、医药历法、风土人情、自然科学等，价值尤高。

其中，《癸辛杂识》因撰于杭州癸辛街而得名。周密或许没有想到，书中有一条几十字的史料，无意中填补了造纸技术史上的空白，这便是该书收录的"撩纸"条目。

所谓"撩纸"，即"抄纸"，是把纸槽中悬浮的纸浆荡进抄纸帘内，滤去水分形成湿纸帖，再将湿纸帖烘干。在此过程中，为了使纸张表面光滑，往往要兑入一道配方，叫作"纸药"。《癸辛杂识》记载：

周密像

　　凡撩纸，必用黄蜀葵梗叶新捣，方可以撩，无则占粘不可以揭。如无黄葵，则用杨桃藤、槿叶、野蒲萄皆可，但取其不粘也。

　　其意是说，凡抄纸时，必须用黄蜀葵梗叶捣成的汁液，而且要新制成的方可。如果没有黄蜀葵，则用杨桃藤、槿叶、野葡萄的汁液皆可，但取其不粘纸之性。

　　这段文字是关于"纸药"最早的文献记载。由周密的记载可知，至迟在宋代，造纸匠人便用黄蜀葵，或杨桃藤、槿叶、野葡萄，捣烂后形成植物黏液——后人称之为纸药（或滑水）——泡入纸槽，抄出来的湿纸不易粘连，便于烘干后再一层层揭开。

　　从这段记载来看，宋人已经比较明确地知道，纸药能防止湿纸间粘连，但或许还不清楚纸药能使纸浆中的纤维悬浮均匀。而在揭纸方面，唐代以前所造的小幅纸较容易掀揭分离，因而对纸药的要求不高。唐

一川如画富春江（裘红火摄）

代以后，纸幅越做越大，如果采取压榨去水揭分这些工序的话，就必须使用纸药了。据学者考证，人们把用纸药当作造纸技术中"必不可少"的一个环节，应当不早于唐代，而其普遍使用则始于两宋时期。

纸药大有讲究，例如它一般在冬天制作，不仅因为夏季天热容易变质，还因为这些植物原料在低温下性能最好。杨桃藤在冬季茎中富含滑汁，采集季节宜在秋天至次年春天，黄蜀葵根也是秋季采收的。由于纸药的供应时间，宋时以寒冬所抄的纸质量最佳。

曾经有一段时期，纸药的使用是一项机密，因为它对造纸效率影响很大。唐代造纸技术外传后，西亚、欧洲的手工造纸者始终不知道使用纸药，只能将每张湿纸页用毯隔开或者各自烘干，效率很低。

那么，周密又是从哪里获知这条信息的呢？是他在杭州的亲见亲闻，还是父亲所述的富阳造纸见闻，抑或是其他途径？

实际上，周密的这条信息大概并非源自富阳，因为不同于其他手工造纸片区，富阳在抄制竹纸时一般不加入纸药，这在中国用抄纸法成纸的地区几乎是独一无二的。不过，也有用猕猴桃、木槿叶、滑叶果作为纸药的情况，尤其是使用滑叶果的果实加水与石灰浆烧煮后，捞出舂击，做成圆球储藏在水中，这种制作纸药的方法较为特别。

周密撰写的那些史料笔记，补史实、史传之阙，对保存宋代杭州风情及文艺、社会等史料贡献很大。这条"纸药"的记录，让周密创造了一项"世界纪录"。他和纸的缘分，或许在冥冥之中，从他出生在富阳县衙的那一刻起，便已注定了吧！

三、长至五丈的"匹纸"要如何抄制

南宋文学家、学者洪迈（1123—1202）撰有笔记小说集《夷坚志》，取《列子·汤问》"夷坚闻（怪异）而志之"以为书名。原有四百二十卷，分为初志、支志、三志、四志，每志又分十集，以天干为序。《夷坚甲志》卷七《周世亨写经》记载了这样一个故事：

> 鄱阳主使周世亨，谢役之后，奉事观世音甚谨。庆元初，发愿手写经二百卷，施人持诵。因循过期，遂感疾，乃祷菩萨祈救护。既小安，即以钱三千、米一石，付造纸江匠，使抄经纸。江用所得别作纸，入城贩鬻，周见而责之。江以贫告，复增畀其直。及售纸于此，每幅皆断为六七，惧而亟还家，悉力缉制，纳于周。

这个故事讲的是，做过鄱阳主使的周世亨辞去官府的衙役差使之后，整日在家很恭敬地侍奉观音菩萨。宋宁宗庆元初年，他发愿手抄两百卷佛经，然后布施出去供人诵习。但出于某些原因，在设定的期限内并未抄经，周世亨便得病了，于是他马上向观音菩萨祷告，祈求救护。等身体稍微恢复后，他马上拿出三千钱、一石米，交给一名姓江的纸匠，让他制造抄经纸。

江纸匠用这些所得造了一些其他纸，还挑着进城贩卖。周世亨看见之后就责备他，不好好替买家干活，居然还在赚外快。江纸匠诉苦说，

他家里穷得揭不开锅，没法子才这样。于是，周世亨又多给江纸匠钱，让他抓紧制造抄经纸。周世亨走后，江纸匠继续在街上卖纸，每幅纸竟然都断裂成六七段。这下他害怕了，赶紧回家，竭尽全力制造周世亨所要的抄经纸。完成后，他就给周世亨送了过去。

这个故事虽然带着些迷信色彩，但其中关于江纸匠造纸、卖纸的记述，倒颇为值得玩味。如果一张普通的纸断裂成六七段，那就不敷使用了。然而，如果是大幅面的纸呢？事实上，我们在谈论纸张的过程中，往往会忽略掉一个问题：纸张是有尺寸的。

如果说纸也有它们自己的"王国"，那么笺纸应该算是其中的"小矮人"。《辞源》释"笺"："小幅而华贵的纸张。"人们常常用"枚"来作为笺纸的量词，说明其尺寸小。当然，"小幅"并不是绝对的，也有较大的笺纸，比如可写诗百韵的百韵笺、用于写对联的粉蜡笺等。

与"小矮人"相对应的，就是纸张中的大高个儿，甚至是"巨人"——匹纸。陶穀《清异录》云："先君子蓄纸百幅，长如一匹绢，光紧厚白，谓之'鄱阳白'。"明代屠隆《考槃余事》亦载："（宋）有匹纸，长三丈至五丈，陶穀家藏数幅，长如匹练……名'鄱阳白'。"

陶穀（903—970）本姓唐，因避后晋开国皇帝石敬瑭的名讳，把姓都改了。他的祖父唐彦谦是唐代政治家、诗人，父亲唐涣曾任夷州刺史。唐季天下大乱，唐涣为邠宁节度使杨崇本[①]杀害，陶穀的母亲柳氏则改嫁杨崇本，陶穀也随之育于杨家，昔日的杀父仇人成了对他有养育之恩的养父。

"先君子"是对已故父亲的称呼，陶穀说的应当是他的亲生父亲唐涣。他家收藏的这种纸像一匹绢那样长，这估计就是"匹纸"之名的由来，它还有个诗意的名字，叫作"鄱阳白"。回到开头的那个故

---

① 又名李继徽，为唐末五代军阀李茂贞（本姓宋，名文通）的养子。

事里，如果那位姓江的纸匠卖的是"鄱阳白"，想必就算是裁成六七段，也可供使用吧。

"匹纸"听起来平平无奇，其实是个稀罕物。宋元时，一尺合今31.2厘米，一丈为3.12米，三至五丈，为9.36—15.6米，这么长的纸足可称得上大幅面。制作这种纸在技术上有很高的要求，纸张的面积有多大，造纸时纸槽和抄纸帘的面积就要有多大。书画纸幅的增大，使书画家能够放笔快书、信笔作画，表达更多、更丰富的内容，促进书画艺术的发展。

纸幅的大小取决于纸模（抄纸器）的大小，并受各时代流行的纸幅规格影响，而这又与造纸术的发展水平有关。汉、晋因受技术条件限制，不能抄造大幅纸，故所见法书、写本多用"尺牍"纸，直高多在24厘米上下，相当于汉、晋的一尺。唐、五代法书纸直高大于晋纸，一般为25—27厘米。宋代造纸术发达，法书纸一般直高30—45厘米，横长显著加大，更是出现了巨型匹纸。

辽宁省博物馆藏宋徽宗赵佶草书《千字文》长卷，写在整张描金云龙底纹的白麻纸上，纵31.5厘米，约合宋代一尺，横1172厘米，约合宋代三四丈，亦即"匹纸"。据传这种纸张是当时宫廷的特制，需要上百道制作工序，制造和加工工艺令人叹为观止，可惜今已失传。专家分析，在当时的条件下，要生产这么长的无接缝的纸张，可能要在江边把船舶排列成行，然后浇上纸浆，使之均匀。宋初苏易简《文房四谱·纸谱》云：

> 复有长者，可五十尺为一幅。盖歙民数日理其楮，然后于长船中以浸之，数十夫举抄以抄之，傍一夫以鼓而节之，于是以大熏笼周而焙之，不上于墙壁也，由是自首至尾匀薄如一。

用内之盖然可为乱

西之嘉小玉山坐

当之调绵

三之玉之赵玻璃好

东之子欲事

在之草之美名

风欲此被云

乙酒化

木析及草多玉

此分槐四大王

岂生生

玉文玉好程云

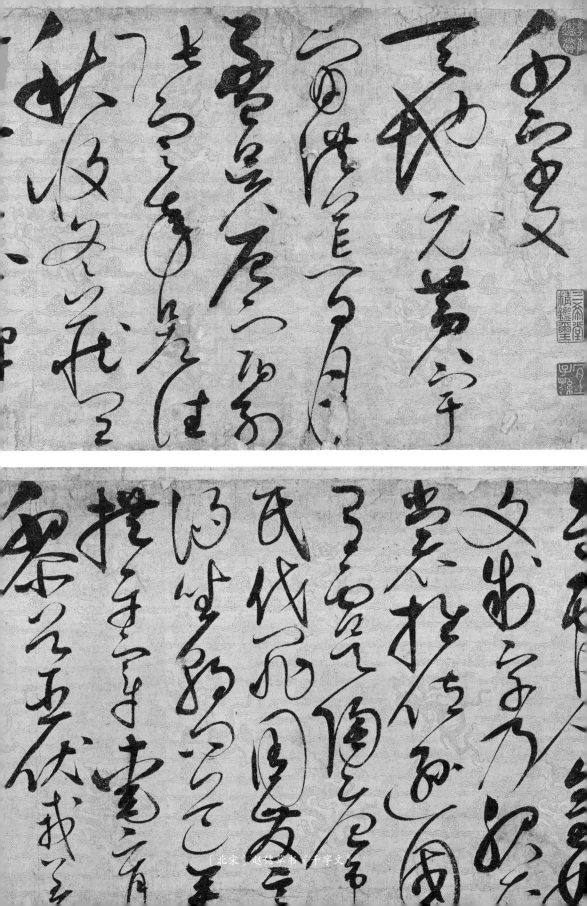

安徽地区有一种长达五十尺的长幅纸，这种纸以楮树皮为原料，因为尺幅巨大，浸泡沤烂时需要在一条长船中。抄纸时，需要数十名工人协同工作，并且有一人负责在旁边指挥，这样才能使抄出的纸厚薄均匀、平滑光洁。烘干时，由于不便采用传统的火墙烘干，因此将许多熏笼放在纸的四周，以达到烘干的目的。

抄造匹纸远非一两人所能胜任，需数人乃至数十人同时抄纸，还得协调动作，才能保证成品匀薄如一。因为生产长幅纸所需的原料、场地、设备、工人人数及劳动强度、抄纸的技术要求等方面都比生产狭幅纸要多和大，所以长幅纸的价格要比狭幅纸贵。

北宋孔武仲在《内阁钱公宠惠高丽扇以梅州大纸报之仍赋诗》中吟道："漆箱犹有南中纸，阔似棋枰净如水。传闻造之自梅州，蛮奴赤脚踏溪流。银波渗彻云蟾髓，入轴万杵光欲浮。收藏终恐非吾物，宝剑银钩有时失。不如包卷归文房，钱公家世能文章。"

孔武仲与苏轼兄弟、黄庭坚等是一个圈子里的人，彼此诗词唱酬，信书不绝。钱公，应指钱勰，是出身名门的外交家，系吴越王钱镠六世孙。看来他出使高丽带回来的扇子，也赠予了孔武仲一把。孔武仲用来作为回礼的梅州大纸，原本是他的收藏品，从"阔似棋枰净如水"句和诗题称作"大纸"来看，这也是一种长幅纸。

四、纸上的纹理

"风恬江面罗纹生""池皱绿罗纹"，这是宋人写景的诗句，所谓"罗纹"，即回旋的纹路。有一种以"罗纹"为名的纸，属于皮纸（一说竹纸）的一种，顾名思义，其纸上有一层精巧而细密的纹理。这种纸张表面光滑如绫罗，质地偏厚，不易渗水，从宋代开始便有制造。

南宋周密《云烟过眼录》云："告身乃用罗纹纸，殊不可晓。"所谓"告身"，是古代授官的文凭，可见罗纹纸曾是一种公文用纸。王蒙《黄鹤山樵坦斋图》题识曰："坦斋老师出宋罗纹纸，命作泉石。"将罗纹纸用来作画。明代书画家董其昌的《松风图小卷》，底子亦是宋罗纹纸，高四寸，长三尺，古松数十株，细如丝发，磅礴尽致。

罗纹纸的形态从它的名字便可窥见一斑。明代文学家袁宗道描写水波，以罗纹纸作比喻："微风行水上，若罗纹纸。"比袁宗道稍晚的晚明散文家刘侗也有类似描述："轻风感之，作青罗纹纸痕。"南唐词人冯延巳的那句"风乍起，吹皱一池春水"，便是罗纹纸在大自然中的投影。

曾经有一种"花帘纸"，有人叫它"水纹纸"，也类似于罗纹纸。关于这种有纹理的纸，其实可以进一步上溯至晋代。东晋王嘉的《拾遗记》记载："（张华）造《博物志》四百卷，奏于武帝。……（赐）侧理纸万番，此南越所献。后人言'陟里'，与'侧理'相乱，南人以海苔为纸，其理纵横邪侧，因以为名。"

其意是说，西晋张华写了皇皇巨著《博物志》进呈御览，晋武帝

57

赐他一万张侧理纸。这种侧理纸是"南越"进献的，"陟里"似乎是当地人的读音。它以海苔为原料，纹理纵横斜侧，因以得名。此处的"南越"，据潘吉星《中国造纸史》，盖指浙江南部。

侧理纸又名"侧厘纸"，因其原料亦称"苔纸""苔笺"，虽起源于晋代，但在宋代的应用较为普遍，如宋人黄庭坚诗云"侧厘数幅冰不及"，王洋诗云"书生几上侧理纸"，侯寘词曰"小诗曾浣苔笺"，陆游词曰"苔纸闲题溪上句"。宋仿侧理纸的尺寸、色泽在清人孔毓埏的《拾箨余闲》中载列甚晰："海苔侧理纸长七尺六寸，阔四尺四寸五分，纹极粗疏，犹微含青色。"纸张微含青色，盖因原料中掺有青色的海苔纤维。

这种宋仿侧理纸一直流传到后代，清人金埴《不下带编·巾箱说》便记载："阙里孔东塘殁载余，予重过其居，索观其家藏唐硬黄、宋海苔侧理二纸，与嗣君榆邨衍志坐黄玉斋，摩挲竟日，洵法物也。"孔东塘即写《桃花扇》的孔尚任（号东塘），是孔子六十四世孙。与孔尚任颇有私交的金埴在前者去世后若干年仍造访其家，与孔尚任之子孔衍谱（字榆邨）、孔衍志，一道观摩孔家收藏的唐代硬黄纸和宋代海苔侧理纸，感慨其制作精良。

宋侧理纸标本今在中国国家博物馆有藏，长284厘米，宽172.7厘米，色白且厚，质地轻软，纹理交错，且有帘纹，纸色已漂去青绿，深为当时的书家、诗家所赏用。

纸上的纹理是怎么做出来的？一般来说，有两种方法：第一种方法是在硬木板上刻成罗纹图案，再砑在纸上，迎光能看出这些图案；第二种方法则是在抄纸帘上编出凸起的花纹、图案或文字，抄造后便隐于纸中。来看宋代赵希鹄在《洞天清录·南北纸》中的记载：

北纸用横帘造纸，纹必横，又其质松而厚，谓之侧理纸。

桓温问王右军求侧理纸是也。南纸用竖帘，纹必竖。若二王真迹，多是会稽竖纹竹纸。盖东晋南渡后，难得北纸，又右军父子多在会稽，故也。其纸止高一寸许而长尺有半。盖晋人所用大率如此，验之兰亭押缝可见。

这段文字对"横帘""竖帘"的描述，至少引发了两种解读。其一，因抄纸用的竹帘有以横向编织和竖向编织两类，故纸纹不同。其二，"横"者，平躺之意也，即平铺于架上的草帘。海苔取于水边的石头上，属于藻类，其纤维细胞短小，故抄纸时必须混有其他植物纤维，采取浇纸法，即把纸浆泼倒在草帘上，以羽毛刮平、横帘平放于地上晒白，方可成形。

唐代文学家段成式在《酉阳杂俎》中记载，北都只有童子寺里有一丛竹子，刚数尺高。物以稀为贵，主管寺院事务的僧人遂把竹子当成很金贵的东西，每日都向有关人员报告："竹子没有枯萎，很平安。"这便是"竹报平安"的典故来历。

北都的竹以稀为贵为虚构之事，但北方缺竹却是事实，这便是文学创作的源于生活。造纸初始时期，使用的帘子在不断变化，由于北方缺竹，汉代发明造纸时，使用的很可能是草帘。这种抄纸工具的缺点是不够挺括，漏水太慢，因此只好呈平放状态，便于从上倒入浆流。而海苔纤维短小，易于流失，不宜加压滤水，成纸必是"其质松而厚"。

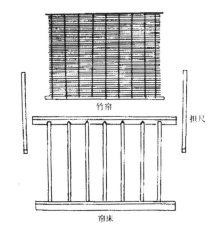

抄纸帘示意图

　　宋代以后，仿制侧理纸的重点不在于用料如何，而是着重体现帘纹，如清人就将其理解成有磨齿状纹理的皮纸。侧理侧理，顾名思义，特点就是纹理，从这一点来说，它就是罗纹纸的"姊妹纸"。罗纹纸则有阔帘、狭帘两种。纸工们在编制抄纸帘时，将丝线或马尾纹间距缩小，捞纸时丝线纹与竹条纹纵横交错，在纸上印成罗纹，这样做出来的是狭帘罗纹纸。

　　用竹帘抄纸并非"放之四海而皆准"，草帘也沿用至后世。譬如，维吾尔族同胞制造的一种皮纸，虽然也以桑树皮、破布为原料，但他们使用的抄纸帘却不是竹帘。由于西北很少生长竹子，他们便采用当地野生的芨芨草秆，用丝线或细马尾编制成抄纸的草帘。用草帘抄出的皮纸质量也很好，民国时期，新疆的地方政府还用这种桑皮纸来印制钞票。由此看来，抄纸帘不仅可以用竹制，还可以用草制，那么用其他材质也并不稀奇，比如说金属铜。

　　清代杭州造纸工匠王诚之参照古法，用铜丝编制出罗纹图案，制成一把精巧的抄纸帘，并以这种铜丝纸帘抄造成一种四周有暗花图案的罗纹纸。纸面上呈现出清晰的阔帘纹，这个图案不是用砑花板压上去的，而是因纸帘上编有复杂图案、花纹，抄纸后自然呈现在纸上的。以铜网代替竹帘抄纸，是造纸技术上的一大创新，铜网可以使图案更为复杂，也使纸表更光滑。王诚之说，在他所处的时代，仅有狭帘罗纹，都是用竹帘抄制的，那种抄制阔帘罗纹纸用的铜丝帘，时间一久就断了、坏了，没有人再继续制作了。

五、别开生面说"矾花"

公元960年正月,后周殿前都点检、宋州归德军节度使赵匡胤发动陈桥兵变,黄袍加身,建元"建隆",是为宋太祖。新帝登基,讲究个"名正言顺",赵匡胤从周恭帝柴宗训那里接过了皇位的"接力棒",那么必须有后者的禅位诏书。然而赵匡胤代周称帝时,"智囊团"百密一疏,竟都忘了这茬事。《宋史·陶榖传》载:"初,太祖将受禅,未有禅文,榖在旁,出诸怀中而进之曰:'已成矣。'"大家正面面相觑时,只见陶榖慢悠悠从袖子里掏出一张纸,自鸣得意地说,他已将禅位诏书拟好了。

陶榖,对,就是前文提到过的那个陶榖。宋人江少虞评价他"文翰为一时之冠,然其为人,倾险狠媚"。陶榖在后周任翰林学士,拟诏书于他而言是信手拈来之事。但赵匡胤对他的这种抖机灵很反感,史载"太祖甚薄之"。宋初,陶榖自认为久在学

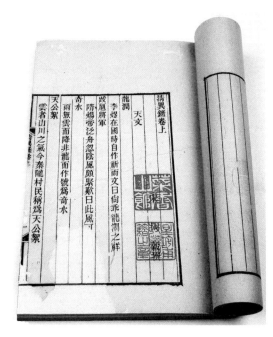

《清异录》书影

士院，劳苦功高，赵匡胤却觉得起草诏书皆有旧例可循，不过是依样画葫芦而已，没什么技术含量，也就不曾重用他。

不被重用，从积极的一方面来看，人也相对自由，于是就更有闲工夫来著书立说了。陶穀记录了晚唐至宋初各方面的异名新说，写成两卷《清异录》。其中提到："一日，得海螺甚奇，宜用滑纸。"说的是有一天，他得到了一个形制奇特的海螺，感觉很适合用它来"滑纸"。

"滑"可指滑动、滑行，如滑冰、滑雪，可理解为用冰鞋或雪橇在冰上或雪里滑行而过。陶穀所说的"滑纸"是用海螺在纸上滑过，这道工序的专业术语叫作"砑光"。所谓"砑光"，是以细石碾磨纸、帛等物，使之平滑有光泽。碾磨的器物也不限于细石，只要是光滑、质硬的物体即可，如鹅卵石、雨花石、瓷器、螺贝壳等。在磨砑纸的表面的同时，通常会使用蜡作为润滑，令纸带上光泽。除了砑光纸，还有砑光布、砑光帽。

《清异录》记载的很多是陶穀身后之事，所以也被质疑非陶穀所撰；还有一种观点是陶穀先写了这本书稿，后人整理时有所增益。该书还提到："姚颛子侄善造五色笺，光紧精华。砑纸版乃沉香，刻山水林木、折枝花果、狮凤虫鱼、寿星八仙、钟鼎文，幅幅不同，文缕奇细，号'砑光小本'。"

在第一章中，我们曾讲到谢公十色笺，有色彩斑斓的十种颜色。姚颛子侄制造的这种五色笺，具体哪五种颜色没有流传下来，虽然颜色不及十色笺丰富，但另辟蹊径：先在沉香木板上雕出细细的阴线图案，如山水林木、折枝花果、狮凤虫鱼、寿星八仙、钟鼎文等，覆以薄而韧的五色笺纸，然后以木棍或石蜡在纸背磨砑，使纸上产生凸起的花纹，栩栩如生，精致可爱。

砑光分平砑和砑花两种。平砑是将纸放在平整结实的平面上，以砑石逐行推移砑光；砑花是将纸置于雕刻有纹样的板上进行砑光，纹样凸起处受到磨研，凹陷处不受力，纸面上隐出纹样，若以蜡研使纸样带有光泽，则可以在迎光处显出纹样。陶穀用海螺"滑纸"，便是平研。姚家人造的五色笺，则属于砑花纸，迎光看时能显出除帘纹以外之发光线纹或图案。

砑花纸又称花帘纸、水纹纸。宋时继承唐制技艺，生产的砑花纸清晰雅致，玲珑多趣，为一时名纸。其纸料多是上等坚韧皮纸，或为本色纸，或为色纸，较印刷用纸为厚。制作时，先将纸加粉、染色，画稿刻在木模上，再以蜡研纸，使纸受压而显出模上凸出的画纹。

宋宁宗庆元年间（1195—1200），吴县（今属苏州）人颜直之制成一种"四色笺"，与姚氏五色笺有异曲同工之妙：将杏红、霞红、桃红、天水碧这四种颜色的纸染好后，又在纸上研以人物、花竹、山林、虫鱼等图案，别有一番雅趣，颇具装饰性和艺术性。

颜直之，字方叔，号乐闲，本身就是画家，由他起草的画稿经精刻于木板并研在纸上后，精妙如原画。故而明人徐应秋《玉芝堂谈荟》曰："宋颜方叔刻制诸色笺，有杏红、霞红、桃红、天水碧，研花竹鳞毛，人物精妙，亦有金缕五色描成者。"

北宋大词人晏殊词云："欲寄彩笺兼尺素，山长水阔知何处。"这"彩笺"很可能也是一种砑花纸。范成大《吴郡志》卷二十九《土物》云："彩笺，吴中所造，名闻四方。以诸色粉和胶刷纸，隐以罗纹，然后研花。唐皮、陆有倡和鱼笺诗云：'向日乍惊新茧色，临风时辨白萍文。'注：'鱼子曰白萍。'此岂用鱼子耶？今法不传，或者纸纹细如鱼子耳。今蜀中作粉笺，正用吴法，名吴笺。"

彩笺，顾名思义，也是有多种颜色的，"以诸色粉和胶刷纸"，说明除了染制不同的颜色，还在纸上刷了一层胶料，有罗纹隐现其间，其余的砑花工序就类似于五色笺。陆龟蒙的这首原诗为《袭美以鱼笺见寄因谢成篇》。皮日休，字袭美，诗文与陆龟蒙齐名，世称"皮陆"，他二人相互次韵唱和堪比元白。其诗曰：

> 捣成霜粒细鳞鳞，知作愁吟喜见分。
> 向日乍惊新茧色，临风时辨白萍文。
> 好将花下承金粉，堪送天边咏碧云。
> 见倚小窗亲襞染，尽图春色寄夫君。

鱼笺，或曰鱼子笺，当为砑花纸的前身。宋初苏易简《文房四谱·纸谱》云："然逐幅于方版之上砑之，则隐起花木麟鸾，千状万态。又以细布，先以面浆胶，令劲挺，隐出其文者，谓之鱼子笺，又谓之罗笺，今剡溪亦有焉。"鱼子笺亦称"罗笺"，大概又类似于后世所说的罗纹笺（纸）。如鱼卵状的鱼子纹事实上就是织品中间的空隙所造成的，让纸张表面呈现布满颗粒的状态，因此也可以称其为罗纹，即回旋的花纹。

宋元的砑花纸也有传世品，如故宫博物院藏北宋书画家米芾的《韩马帖》，用纸呈正方形（33.3 厘米 ×33.3 厘米），纸面呈现云中楼阁的图案，这便是砑花纸。宋末元初画家李衎（1245—1320）的《墨竹图》（29 厘米 ×87 厘米），用纸幅面较大，纸的右上方呈现"雁飞鱼沉"四个篆字，左上面有"溪月"隶体文字。同时，纸的中间呈现雁飞于天、鱼浮于水的图案，观者如果仔细观察，可在图上的竹叶中间看到雁飞的白线条图案。现今各国通用的证券纸和货币纸，亦可谓砑花纸的延续。

六、"蠲纸"的 AB 面

看到这个标题，也许会有读者产生疑问：何谓蠲纸？

"蠲"的读音是 juān，它的一层意思同"涓"，意为清洁，如《诗经·小雅·天保》："吉蠲为饎。"毛传曰："吉，善；蠲，洁也。"《红楼梦》第四十一回，刘姥姥进大观园，随贾母等人行至栊翠庵，妙玉招待一行人喝茶，烹茶时用的"是旧年蠲的雨水"，意为旧年净化的雨水。

"蠲"的另一层意思同"捐"，意为除去、减免，如"蠲免钱粮"。《红楼梦》第十四回，秦可卿死后，王熙凤协理宁国府，威重令行，"如这些无头绪、荒乱、推托、偷闲、窃取等弊，次日一概都蠲了"，"蠲了"意即去掉了。

"蠲纸"的得名，就和它的这两层意思有关。

南宋宁宗嘉定年间（1208—1224），宋太祖七世孙赵与时（1175—1231）写有《宾退录》十卷，自谓生平喜汇集平日见闻及与宾客所谈论

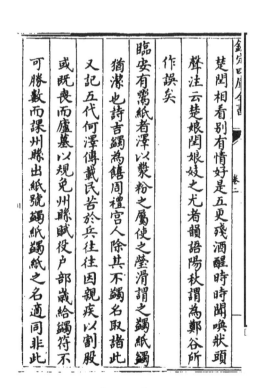

《宾退录》书影

之内容，宾退后笔录成编，故有是名。《宾退录》卷二云：

> 临安有鬻纸者，泽以浆粉之属，使之莹滑，谓之蠲纸。
> 蠲犹洁也。《诗》："吉蠲为饎。"《周礼》："宫人除其不蠲。"
> 名取诸此。又记五代《何泽传》载："民苦于兵，往往因亲
> 疾以割股，或既丧而庐墓，以规免州县赋役，户部岁给蠲符，
> 不可胜数，而课州县出纸，号蠲纸。"蠲纸之名适同，非此
> 之谓也。

这段话的开头说，南宋临安的卖纸人在造纸过程中加入浆粉之类
的胶料，以此来改善纸张性能和品质，使其变得莹滑，称之为"蠲纸"。
"蠲"表示洁净，即指这种纸的表面光滑洁净，可见是因特点而得名。
故而，临安的蠲纸是一种涂布纸。

制作蠲纸要刷一层浆粉，这不仅仅是为了卖相好看，还是为了防
止"洇水"。纸张由交叉密布的纤维制成，而纤维之间有无数个小细孔，
写字时，墨水会落到小细孔中，把空隙填满。被墨填满的小细孔连成
一片，就会"洇水"。而为了防止"洇水"，就要用浆粉等涂料将这
些小细孔填充起来。

《宾退录》这段引文的后半段，是欧阳修编撰的《新五代史·何泽传》
中的记载。五代时朝代频更，兵燹连年，再加上赋役繁重，老百姓苦
不堪言，遂生苦肉之计。有的双亲患病而自割股肉供其食用，有的丢
下乳儿在亡亲墓旁筑庐守孝 [①]，这些都是在时人看来至孝的行为，可以
因此逃避州县赋役。对于这些情况，官府并不了解实情，就由户部用
纸做成一种凭证，发给那些照顾亲疾或亲死结庐守墓之人，免去他们

---

① 《新五代史》的原文是"割乳庐墓"。

的赋役。户部每年给这些人免除赋役的凭证不可计数，却叫州县出纸，号为"蠲纸"。洛阳令何泽上书说明这种做法的弊端，后唐明宗下诏完全废除户部蠲纸。

此"蠲纸"非彼临安"蠲纸"，而是五代后唐时向民间摊派供应的一种公文用纸，进贡此种纸可抵免税赋，故称"蠲纸"，这里的"蠲"是免除的意思。北宋初年，王溥《五代会要》卷十五"户部"条谓："后唐天成三年闰八月，废户部蠲纸。四年五月，尚书户部状申：'伏缘当司蠲符，近奉敕令，有事功可著者，即户部奏闻。'"官府逐渐严格了"蠲符"发放的标准。

蠲纸在唐代就已出现。南宋周辉《清波别志》云："在唐凡造此纸户，与免本身力役，故以蠲名。今出于永嘉，士大夫喜其有发越翰墨之功，争捐善价取之。一幅纸能为古今好尚，殆与江南澄心堂等。"这种蠲纸，可与南唐李煜监制的澄心堂纸相媲美。温州古称永嘉郡，南宋时以度宗（曾被封为永嘉王）潜邸升为瑞安府，其特产之一便是蠲纸。据《宋史·地理志》，瑞安府"贡鲛鱼皮、蠲糨纸"，所谓"蠲糨纸"，指的也就是蠲纸。蠲纸在南宋时已被视为难得之物，南宋无名氏《百宝总珍集》将其列作百宝之一。

《天工开物》载："永嘉蠲糨纸，亦桑穰造。"它实际上也是一种桑皮纸。桑皮是由桑树幼嫩枝条或茎剥取而得的内皮，是优良的造纸材料，造出的纸张柔韧有劲、百折不损，质量很好。据悉，制作桑皮纸成本极高，每五公斤桑树枝仅可剥出一公斤桑树皮，而一公斤桑树皮才可做成二十张桑皮纸。其纸质优异，可谓纸中佳品。制造出来的桑皮纸可以分为"生纸"和"熟纸"：前者是指未加工的黄纸，后者指的是加工后变得洁白的纸张。蠲纸色泽洁白，应当是熟纸。

按照赵与时的说法，"蠲纸之名适同，非此之谓也"，温州蠲纸和临安蠲纸是两码事，前者是一种抵免赋役的纸，后者是一种刷了浆粉的涂布纸。但深入考证史料，我们却能在两者之间找到一些微妙的关联，它们很可能就是同一种纸。

一方面，是从蠲纸的命名来考量。

"蠲"字最初没有蠲免之意，而是清洁、洁净之意。明代杨慎《杨升庵集》卷六十六曰："蠲纸……为言洁也。"其最初得名兴许也是言其洁净、洁白。宋代钱康功《植杖闲谈》谓："温州作蠲纸，洁白紧滑，大略类高丽纸。东南出纸处最多，此当为第一焉，由拳皆出其下。……吴越钱氏时，供此纸者，蠲其赋役，故号蠲纸云。"说温州蠲纸"洁白紧滑"，这个"滑"字不由得让人联想到临安蠲纸表面刷的那层"使之莹滑"的浆粉。

有学者指出，五代时那种免除赋役的凭证大概用的就是蠲纸，所以才叫作"蠲符"①。这就更加印证了前文的推测：蠲纸本是一种刷上浆粉、洁净且白的纸张，后来才被用作免除赋役的纸张。也就是说，临安蠲纸是温州蠲纸的原始形态。

另一方面，是从制造方法来看。

临安蠲纸"泽以浆粉之属，使之莹滑"的制造方法，有些类似于宋代的冷金笺。冷金笺又称金银花纸、洒金纸，在色纸上加工装饰有金、银片或金、银粉，这些片状或粉状的装饰物要用胶矾固定于纸张表面。蠲纸上虽然未必有这些金银装饰品，但同样刷了一层胶料，所以纸的表面比较光滑。曾几有诗曰："蠲纸无留笔，生枝不带酸。"应该说的就是蠲纸纸面光滑，不会滞笔，因为光滑的纸面会加快运笔速度。

《植杖闲谈》提到温州蠲纸很像是高丽纸。高丽纸原产于高丽国，本以楮树皮为原料，纸张厚实牢固、光滑洁白，适宜书写，深得宋人喜爱。

---

① 也有学者认为这是倒因为果，当是因蠲符为蠲免民户赋役的文件，故官府向民间征收的制造此类文件的纸张被称为"蠲纸"。

造纸需求量的大增致使高丽国楮树皮短缺，高丽人转而使用桑皮。《负暄野录》则说："高丽纸类蜀中冷金，缜实而莹。"高丽纸质地坚实、厚重，像蜀中冷金笺那样。

正所谓无巧不成书：临安蠲纸类似冷金笺，温州蠲纸类似高丽纸，而高丽纸又类似冷金笺。这是不是相当于，在临安蠲纸和温州蠲纸之间画上了一个约等于号呢？它们究竟是各有千秋，还是殊途同归，这也不妨仁者见仁、智者见智了。

七、米芾变身造纸达人

米芾（1051—1108）[①]，初名黻，字元章，号襄阳漫士、海岳外史等，曾官礼部员外郎，人称米南宫[②]，又因举止"颠狂"，人称米颠。所谓"颠狂"，是形容人放荡不羁或轻佻不庄重，有点疯疯癫癫的样子。有人说，疯子和天才只有一步之遥。米芾虽有"疯癫"的嫌疑，但他确实是个天才，将一些事情做到了极致。

米芾像

今人给米芾贴的标签，首先是"书法家"。他在书法上极为勤奋，"一日不书，便觉思涩，想古人未尝片时废书也"，为精进技艺，临池练书不辍，未尝有一日懈怠。出于对书法的热爱，米芾爱屋及乌，对纸、砚均有很深的造诣，并写有专论；他是个有心人，对于与"纸"相关的一切都有着浓厚的兴趣。

米芾有一本账，细细记录了自己收藏或经眼的名迹的底子[③]：

① 参见徐邦达《米芾生卒年岁订正及其它二三事考》。《辞海》作 1052—1108。
② 南宫：礼部的雅称。
③ 见米芾《书史》。

王羲之《来戏帖》，黄麻纸。王献之《十二月帖》，黄麻纸。智永《归田赋》，白麻纸。杨凝式小字黄麻纸一幅。欧阳询草书《孝经》，黄麻纸。李邕三帖的《少傅帖》，深黄麻纸；《缙云帖》，淡黄麻纸；《胜和帖》，碧笺。李阳冰，白麻篆书。鲁颜公妙迹有文殊一幅，碧笺和《寒食帖》，绫纸。高闲草书《千字文》，楮纸……

《书史》和《评纸帖》（又名《十纸说》）等著作中，记录了米芾对纸的痴狂。表达对某样事物的喜爱，不难；但自己动手去制作的，不多。米芾就是后者。他不仅评纸，还亲自造纸。有段时间，米芾亲硾越州竹纸，纸成后，自觉不俗，作诗寄给好友薛绍彭、刘泾。

薛绍彭具晋、唐人法度，与米芾并称"米薛"，元末明初危素赞其书："超越唐人，独得二王笔意者，莫绍彭若也。"刘泾善书画，与米芾为书画友，作林石槎竹，笔墨狂逸，体制拔俗。那首《硾越竹学书作诗寄薛绍彭刘泾》诗曰：

> 越筠万杵如金版，安用杭油与池茧。
>
> 高压巴郡乌丝栏，平欺泽国清华练。
>
> 老无他物适心目，天使残年同笔砚。
>
> 图书满室翰墨香，刘薛何时眼中见。

对于亲硾越州竹纸的那档子事，米芾颇为自得，曾数度提起，如《书史》曰："余尝硾越州竹，光透如金版，在油拳上……"《评纸帖》云："越陶竹万杆，在油拳上，紧薄可爱。余年五十始作此纸，谓之金版也。"由此可知，米芾是在五十岁时才开始做这种纸。

"硾"意为系上重物，使之下沉。这一工序，其实就是"捶纸"。"油拳"即由拳山，唐代李吉甫《元和郡县图志》载："由拳山，晋隐士郭文举所居。旁有由拳村，出好藤纸。"米芾亲硾的越州竹纸品质不俗，甚至优于著名的由拳藤纸。

根据米芾的考证，捶纸始创于唐代。为什么成纸之后要用木槌捶打？因为古代造纸有的打浆度较低，成纸紧密度（松厚度）较松，纸表面较粗糙，"捶打"类似现代的研光工序，使纸紧密、表面平滑。捶纸是将纸涂以少许胶粘剂，摞成叠再用重石压后捶打，再分别晾干，比研光法效率高，纸紧密平滑并有一定抗水性。

捶纸是成纸之后的再加工，促使纸张纤维趋于平实，增加纸张结构的紧密度，减弱它的渗化能力，便于书画时掌控笔墨效果。促使竹料发酵腐烂是一系列方法的组合运用。即先在水里浸泡，再用石灰浆腌，再入纸镬蒸煮，再用人尿浸淋，再堆蓬，再入料塘清水浸泡，促其慢慢发酵，纤维分解软化，去净腐质。

这就奇了，做纸怎么还要用到人尿呢？

米芾的《评纸帖》中曾提到："连纸不可写经，用小便浸稻干，非竹也。""连纸"是"连史纸"的简称，也是一种竹纸，制作过程中会在浆料发酵中加入人尿等作为微生物的营养剂来加快反应进程。米芾特意强调，制造连纸时浸的是稻秆，而非竹子。为什么要加一句"非竹也"？这大概是因为他想将两种情况进行区分，连纸用人尿浸稻秆是一种情况，而另一种情况是，有的竹纸在制作过程中需要用人尿浸淋竹料（而非稻秆），比如说富阳竹纸的独门技艺"人尿发酵法"。

元丰八年（1085），三十五岁的米芾为杭州从事[①]。他一向爱纸，平日里常与人商讨笺纸之制法；我们有理由臆想，这新到一地，他不免技痒，又想亲自尝试并指导当地人制纸。竹纸产地富阳近在咫尺，作为竹纸"粉丝"的他说不定曾亲自前往观摩。

《宋史·米芾传》记载，米芾"好洁成癖，至不与人同巾器"，

---

① "从事"并非确切官职，而是宋人对州衙属官的通称。

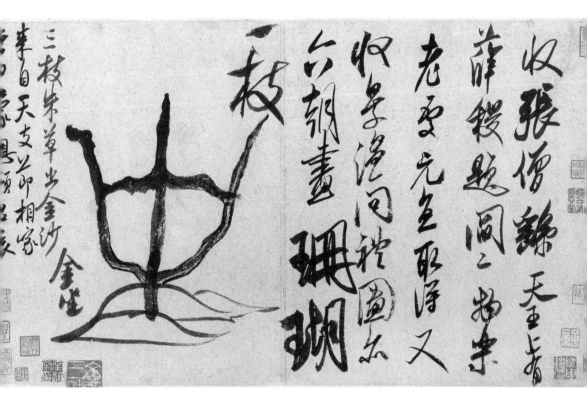

〔北宋〕米芾《珊瑚帖》，书于竹纸

有严重的洁癖。尿桶放置处毕竟不雅，极端爱干净的米芾原本应当掩鼻绕道而行。但他是一个为钻研技艺而忘我的人，见到感兴趣的事物，一切所谓的讲究全都置之脑后。面对尿桶，米芾俨然换了一个人，居然毫不介意地近前，细致入微地察看，不愿错过任何一个与纸有关的细节。否则，他怎会记录下这样的"冷知识"？

　　值得一提的是，《评纸帖》的原作者存在争议，有人认为是明代书法家邢侗（1551—1612）。系于米芾名下的书作《评纸帖》虽然可能是书法伪作，但因为文本保留下来书家针对宋及前代纸张的评价而广被引用。其中记载了一段米芾在杭州的逸事，原文有不同版本：

　　①余往见杭州俞氏张长史恶札，"禅师不合为婚主"者是也。

73

②余往见杭州俞氏张长史恶札，禅师"不合为婚，主者是也"。

张旭与贺知章等人并称"吴中四士"，以狂草得名；曾任金吾长史，世称"张长史"。相传张旭往往在大醉后呼喊狂走，然后落笔，故称"张颠"，可谓与米芾分享了同一个绰号。米芾在杭州俞氏处见到过张旭的恶札，所谓"恶札"，系指拙劣的书法帖子。出入在于后半句，其中有一字不同：版本①作"婚"，版本②作"熸"。

版本①可译为：（纸张和墨迹不相称，）好比和尚不适合当主婚人。版本②可译为：禅师言"不合为熸，主者是也"（恶札用纸的火候不佳是此札书写得不好的原因）。笔者以为版本②及其解释不甚通顺，当以版本①为准，且仔细辨认原始字迹，当为"婚"而非"熸"。"禅师不合为婚主"，其实是米芾打了个通俗易懂的比方而已。

八、宋人怎样让纸张防蛀

北宋文学家、史学家宋祁（998—1061），谥景文，与兄长宋庠并有文名，时称"二宋"。宋祁曾任工部尚书，拜翰林学士承旨，又能诗文，因其词中有"红杏枝头春意闹"之句，世称"红杏尚书"。后人辑有《宋景文公笔记》，其中的"释俗"条云：

> 古人写书尽用黄纸，故谓之黄卷。颜之推曰："读天下书未遍，不得妄下雌黄。"雌黄与纸色类，故用之以灭误。今人用白纸，而好事者多用雌黄灭误，殊不相类。道、佛二家写书，犹用黄纸。《齐民要术》有治雌黄法，或曰："古人何须用黄纸？"曰："蘗染之，可用辟蟫。"今台家诏敕用黄，故私家避不敢用。

这段话的信息量很大，比如结尾说黄纸是宋代诏敕的专用纸，私人避而不敢用。那么，黄纸是怎样一步步成为官用纸张的？我们不妨先来看上文的一段设问。问曰：古人为何必须用黄纸？答曰：用黄檗（即黄蘗）染制纸张，可以防蛀虫。

无独有偶，南宋王楙（1151—1213）在《野客丛书》卷八《禁用黄》中亦提到："治平间，以馆中书多蠹，更以黄纸写。又知易白以黄者，往往以避蠹之故，非专为君命而然。"宋英宗治平年间（1064—1067），馆阁中的藏书被蛀蚀了，遂改用黄纸。将白纸换作黄纸，主

《名公增修标注隋书详节》书影

要是避蠹的缘故。这些描述使我们有理由相信，用黄纸最初的目的就是防蛀，因崇尚黄色而用黄纸或许是后来的事情了。

第一章已介绍过用黄檗染潢纸张有防虫避蠹之效。宋代罗愿的《尔雅翼》云："后世书敕用黄纸，味既苦而虫不生。"黄檗是芸香科落叶乔木，叶、皮内含有生物碱，主要是小檗碱，性寒味苦，蠹鱼不食，且其中有含氯的有机物，具有杀虫作用。我国最常见的黄檗有两种——北方的关黄檗和南方的川黄檗，用于染潢的主要是后者。

染潢有两种方法：其一，先写后潢；其二，先潢后写。从出土古纸实物来看，先潢后写者居大多数。宋代姚宽的《西溪丛语》卷下写道："凡潢纸灭白便是，染则年久色暗，盖染黄也。……古用黄纸写书久矣。写讫入潢，辟蠹也。今惟释藏经如此，先写后潢。"南宋张世南《游宦纪闻》则记载了硬黄笺的加工制作方法："硬黄，谓置纸热熨斗上，以黄蜡涂匀，俨如枕角，毫厘必见。"

本节开头这段引文中还提到，雌黄有"灭误"，即消灭差错之功用，类似于现在的修正液。沈括在《梦溪笔谈》中也记载："馆阁新书净本有误书处，以雌黄涂之。尝校改字之法：刮洗则伤纸，纸贴之又易脱，粉涂则字不没，涂数遍方能漫灭。唯雌黄一漫则灭，仍久而不脱。"

在纸张还未出现的简牍时代，先民便已注意到文化典籍、档案文书的防蛀处理。《太平御览》引汉代刘向《别录》："杀青者，直治竹作简书之耳。新竹有汗，善朽蠹。凡作简者，皆于火上炙干之。"文天祥写下名句"人生自古谁无死，留取丹心照汗青"，"汗青"的本意就是说古时做竹简，先以火炙青竹，使之"出汗"，干后易于书写，并可免虫蛀，后来才引申为史册。

到了宋代，人们为了防蛀也花样百出，不止用黄纸，还有用椒纸的。椒纸是用花椒果实的水浸液处理过的纸，纸张的椒味能长年不散。花椒属芸香科，果实含香茅醛、水芹萜等多种生物碱，一般用作食品调味，因它具有性热、味辛之特点，也可供药用，有止痛杀虫的功能。

清代叶德辉在《书林清话》中说：

> 宋时印书纸，有一种椒纸，可以辟蠹。《天禄琳琅后编》三宋版类，《春秋经传集解》三十卷，杜预后序，又刻印记云："淳熙三年四月十七日左廊司局内曹掌典秦玉祯等奏闻，《壁经》《春秋》《左传》《国语》《史记》等书，多为蠹鱼伤牒，不敢备进上览。奉敕用枣木椒纸各造十部，四年九月进览。监造臣曹栋校梓，司局臣郭庆验牒。"按此可考宋时进书之掌故。椒纸者，谓以椒染纸，取其可以杀虫，永无蠹蚀之患也。其纸若古金粟笺，但较笺更薄而有光，以手揭之，力颇坚固。

南宋淳熙四年（1177），宋孝宗得到了进呈御览的《壁经》《春秋》《左传》《国语》《史记》等各十部，其用纸即为椒纸。椒纸的形态与金粟笺有些相似，但要更加薄且有光泽，用手将之揭开，会感到这种纸不是绵软的，而是颇为牢固的，可以感受到纸张的力道。

南宋巾箱本《名公增修标注隋书详节》是南宋理学家、文学家吕祖谦（1137—1181）对八十五卷《隋书》进行内容节选、卷次重编的精读本，迭经名家庋藏，现藏于重庆图书馆，系海内外孤本，入选首批"国家珍贵古籍名录"。其卷帙完整，品相良好，亦为古椒纸所制，足见这种纸在防蠹方面的功效。

还有一种防蛀的纸，我们在第一章便介绍过，即瓷青纸，又名碧纸。古代所用碧纸为多张皮纸经过浸染、浆捶复合、涂布、施蜡、砑磨上光而成，所用染料为天然植物染料。古代用碧纸，一是因为多用来写经，而为了郑重其事，又常用金银粉作为书写材料，一般白纸难以显示其字迹，所以将纸染成蓝色；二是靛蓝有杀虫作用，可以保护经卷历久不坏。清张秉成《本草便读》载："板蓝根即靛青根，其功用性味与靛叶相同，能入肝胃血分，不过清热、解毒、辟疫、杀虫四者而已。"

《诗经·小雅·采绿》说"终朝采蓝，不盈一襜"，"蓝"即指蓼蓝，叶子可制靛蓝，作染料，亦可供药用，可做成今人风热感冒时喝的板蓝根。春秋战国之时，楚国还有个官职叫"蓝尹"，据李仁溥《中国古代纺织史稿》推测，蓝尹为"专门主持靛青生产的工官"。

到了后世，为了解决南方潮湿、蠹鱼泛滥成灾的问题，广东地区还流行一种用色彩鲜艳的橘红色纸，俗名"万年红纸"作副页（类似于扉页）的装帧工艺，红白相衬颇为鲜艳，既有装饰作用，又能防潮防虫。用于文献保护的万年红纸，以铅丹作为涂层原料，可称之为"铅丹防蠹纸"。

然而，万年红纸作为扉页，只能防止靠近扉页的几张书页不蛀，不能保全全书不蛀，蛀虫会从书籍边缘蚕食纸张，啮至中心，来个"中心开花"。万年红纸只能扉页防蠹，而不能像黄纸、椒纸等作为印书纸，做到整本书都防蛀，这便是美中不足了。

参考文献

1. 卢宇：《米芾〈评纸帖〉（传）刻帖及相关问题考》，《中国美术研究》2021 年第 1 期。

2. 潘吉星：《中国造纸史》，上海人民出版社，2009 年。

3. 刘仁庆：《论侧理纸——古纸研究之二》，《纸和造纸》2010 年第 11 期。

4. 张飞莺：《发笺考辨》，《合肥教育学院学报》2002 年第 3 期。

5. 林明：《中国古代纸张避蠹加工研究》，《图书馆》2012 年第 2 期。

6. 刘仁庆：《纸系千秋新考——中国古纸撷英》，知识产权出版社，2018 年。

7. 庄孝泉主编，孙学君编著：《富阳竹纸制作技艺》，浙江摄影出版社，2009 年。

8. 陈燮君主编：《纸》，北京大学出版社，2012 年。

9. 魏华仙：《宋代纸消费特点初探》，《文史杂志》2005 年第 2 期。

10. 潘吉星：《故宫博物院藏若干古代法书用纸之研究——中国古代造纸技术史专题研究之三》，《文物》1975 年第 10 期。

11. 刘静：《周密研究》，人民出版社，2012 年。

12. 樊嘉禄、方晓阳：《对纸药发明几个相关问题的讨论》，《南昌大学学报（人社版）》2000 年第 2 期。

含章蕴藻
HANZHANG WENZAO

小材广用

一、公文纸，纸张中的"公务员"

北宋初年的宰相赵普（922—992），在后周时就是赵匡胤的幕僚，策划了陈桥兵变，可谓大宋开国元勋。他少时为吏，读书不多，晚年常读《论语》，有"半部《论语》治天下"之说。《论语》开篇《学而》的第一条就阐述了人生的三个"不亦"，其中的第三个是："人不知而不愠，不亦君子乎？"赵普倒是为"人不知而不愠"作了生动的注脚，且看《宋史·赵普传》的描述：

> 尝奏荐某人为某官，及祖不用。普明日复奏其人，亦不用。
> 明日，普又以其人奏，太祖怒，碎裂奏牍掷地，普颜色不变，
> 跪而拾之以归。他日补缀旧纸，复奏如初。太祖乃悟，卒用其人。

赵普曾向宋太祖赵匡胤推荐一个人做官。连续两天，赵匡胤都没有同意。第三天，赵普又递上奏章，坚持推荐此人。这下可触怒了天颜，奏章被撕了个粉碎，扔在地上。赵普面不改色，跪着把散落一地的纸片收拾到一起，坦然地带回家。过了些时日，赵普将破碎的奏章粘连起来，又呈递给赵匡胤。赵匡胤最终领悟到，这非同寻常的坚持背后自有其道理，于是任用了赵普推荐之人。

看看，赵普可真是沉得住气啊！赵匡胤最初不理解他的用意，粗暴拒绝，而他没有一丝恼怒，依旧不改其志。当然，臣子敢于这样坚持，也是有着与皇帝的深交作为资本的，他们毕竟是雪夜吃烤肉的亲密战

友。"天子之怒，伏尸百万，流血千里。"赵匡胤的发怒倒还算隐忍，只是让一纸奏章粉身碎骨，却又谱写了另一出君臣佳话。

将奏章撕碎又粘起，大概只有纸这个载体能够做到——诚然，竹简或木简都是不太扯得动的。所以"手撕奏折"这一行为，"秦皇""汉武"都做不到，还得从"唐宗""宋祖"开始。纸自魏晋逐渐成为

赵普像

公文的书写材料。东晋末年，桓玄废晋称帝，颁布"以纸代简"令，直至南北朝末，纸张才完全取代了简牍。

呈递给皇帝的东西，都讲究个"御用"，那篇奏章的用纸，大概也并非普通的纸张，所以这里要引入一个概念，那就是"公文纸"。最初，纸不具有等级性质，但为了显示皇权至上，并与官员的品级高低相对应，官府开始对使用的公文用纸有不同的规定，连纸都分化出三六九等，用纸的颜色、图案、大小等来作为区分等级的标识。

随着黄色被尊为象征皇权的尊色，宋时，黄纸成为皇帝诏敕的专用纸，私家避而不敢用。由南宋谢深甫监修的《庆元条法事类》系宋宁宗赵扩时的法令汇编，其中讲到，颁布制敕、赦书、德音①等必须用黄纸。《宋史·职官志》载，枢密院对有关军政事宜用白纸写好呈文送请皇帝批示，文武百官上奏皇帝的奏状也只能用白纸。

---

① 德音：诏书的一种。唐宋时，诏敕之外，别有一种恩诏，下达平民，谓之"德音"。

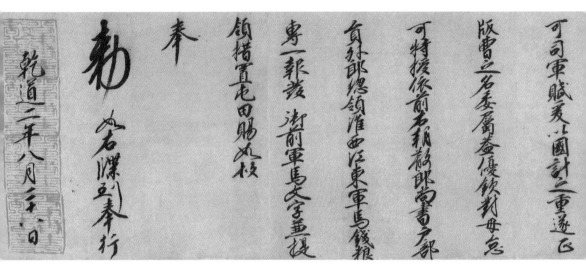

此外，皇帝所颁发的诏令文书的用纸规格最大。《庆元条法事类》有明文规定，皇帝诏敕纸高一尺三寸，长二尺，"余官、私纸高长不得至此"。官告院颁发给文武百官的告身是用绫装裱的绫纸，所用绫纸的大小则视官员品级的高低分为大绫纸、中绫纸和小绫纸。

宋时，告身用纸另一个体现等级的标识是金花纸。金花纸表面有化草、山水、花鸟、龙凤等图案，当时只有一品、二品文武官告身才能用金花纸，自正三品及以下其余官员告身只能用不销金的绫纸。命妇告身用纸也有规定，《宋史》记载，绍兴十四年（1144）以后，"诏内外命妇郡夫人以上，（告身）乃得用网袋及销金，其余则否"。只有等级高的内外命妇才能用金花纸，否则只能用一般的罗纸。

《宋史·职官志》谈到吏部官告院掌管为妃嫔、王公、文武百官及外藩官员、命妇赠封品位之事，规定公文用纸的各种等色："凡文武官用绫纸五种十二等色，有背销金花绫纸、白背五色绫纸、大绫纸、中绫纸及小绫纸；凡宫掖至外命妇，用罗纸七种十等，有遍地销金龙

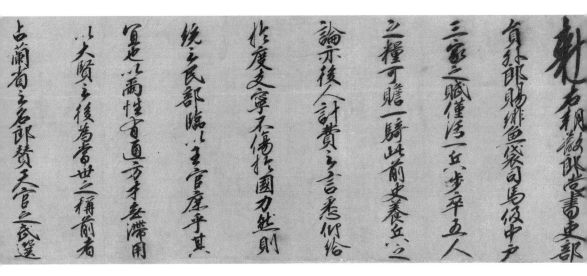

〔南宋〕佚名《司马伋告身卷》

五色罗纸、遍地销金凤五色罗纸、销金团窠花五色罗纸、销金五色罗
纸、销金大花五色罗纸、金花五色罗纸、五色素罗纸；凡内外军校封赠，
用绫纸三种四等，有大绫纸、中绫纸、小绫纸；凡封蛮夷酋长及藩长，
用绫纸二种各一等，有五色销金花绫纸、中绫纸。"此外，还规定用
不同材料的卷轴及钤印方式等。

所谓"绫纸"及"罗纸"，是指用带有花纹的彩色绫、罗镶边的纸。
销金花绫纸是纸上带有细小金片的绫纸，遍地销金龙五色罗纸是在五
色罗纸上到处洒以金片并用泥金画出龙的图案，遍地销金凤五色罗纸
是在上述纸上画以凤的图案，销金团窠花五色罗纸是在五色罗纸上洒
金片并绘出团花图案。

宋敏求《春明退朝录》谈到诰制之制时，也谈到：后妃用销金云
龙罗纸，公主用销金大凤罗纸；亲王、宰相、使相，用背五色金花绫纸；
枢密使、三师、三公、前宰相至仆射、东宫三师、嗣王、郡王、节度使，
用白背五色金花绫纸；参知政事、枢密副使、知院、同知院等人，用

白背五色绫纸……凡修仪、婉容、才人、贵人、美人，用销金小凤罗纸；宗室女用的是素罗纸。

书中还提到销金云龙五色绫纸的制作方法：先将上等白纸染成五色；再将黄金打成金箔，剪切成细小碎片放入筛中；以手轻轻敲动筛，使金片均匀洒在纸上，用胶固着；用泥金或其他颜料在整张纸上画出云纹及龙凤图案；将纸的上下两边用织有图案的彩色薄细绫、罗镶边；按等级要求装轴及飘带，并制成匣子盛卷轴；最后，由吏部官告院楷书手写诰封文字，交由有关部司加盖印玺。纸料主要用上等皮纸，由朝廷在产纸区设官居监造，再送入内府由匠师加工。

《续资治通鉴长编》有这样一段记载："诏降宣纸式下杭州，岁造五万番。自今公移常用纸，长短广狭，毋得用宣纸相乱。"北宋熙宁七年（1074）六月，朝廷下诏，令杭州为朝廷制造专门用纸（"宣纸"），每年五万番。这个"宣纸"与我们今天一般所说的宣纸无关，指的是书写皇帝任命官员的宣诏纸，简单说就是一种特制款的御用公文纸。

宋代的公文纸是用什么材料制成的呢？是藤纸、麻纸，抑或是竹纸？我们先来看看蔡京写下的一首词：

> 八十衰年初谢，三千里外无家。孤行骨肉各天涯，遥望神京泣下。　金殿五曾拜相，玉堂十度宣麻。追思往日谩繁华，到此番成梦话。

唐宋拜相命将，用黄、白麻纸写诏书公布于朝，称为"宣麻"。蔡京曾数度拜相，那些高级官员的人事任命文书用麻纸写成，而一般的人事任免，则未必如此。陈均《九朝编年备要》称："京自再领三省，未几，目昏不能亲事，事皆决于子绦……一日，京以竹纸批出十余人，令改入官……仍令尚书省奏行。右丞宇文粹中上殿进呈事毕，出京所书竹纸，奏云："昨晚得太师蔡京判笔，不理选限某人、未经任某人、未曾试出官参选某人，皆令以改合入官求差遣。"上曰："此非蔡京批字，乃京子第十三名绦者笔踪……'"这段史料说，蔡京在竹纸上写下准备任命官员的名单（其中多有不符合任职规定者），令尚书省上奏。蔡京当时年老眼花，每三日赴三省治事一次，此竹纸字条或为在家中由其子蔡绦所写。这段史料说的是以竹纸来"打草稿"，至于会不会以竹纸来发布任命文书，暂时还不好擅下结论。

二、一封竹纸手札，竟让宋军溃不成军？

南宋绍兴年间的进士徐梦莘（1126—1207），有感于靖康之乱，发奋研究宋、金和战相关历史，于绍熙五年（1194）撰成《三朝北盟会编》二百五十卷，保存有大量史料。"三朝"系指宋徽宗赵佶、宋钦宗赵桓、宋高宗赵构三朝，徐梦莘则因此书跻身知名史学家之列。在徐梦莘的笔下，我们可以寻觅到竹纸出现在战争前线的身影。

《三朝北盟会编》书影

在推出我们的"主角"之前，有必要介绍一下当时的大背景。在北宋存在的大部分时间里，统治中国北部的主要是契丹族建立的辽国。公元1115年，辽属部女真完颜阿骨打称帝，国号"金"，是为金太祖。重和元年（1118），宋徽宗派马政自登州（治今山东蓬莱）渡海，与金太祖策划攻辽，以图收复自后晋以来便丢失的燕云十六州。宣和二年（1120），宋又派赵良嗣[①]等赴金约定：宋允许在灭辽后将输辽岁币转输给金；金承认将燕京一带旧汉地归宋；金攻辽中京，宋攻燕京。宋、金使者由于地理上受辽阻隔无法在陆上接触，而需要往返渡渤海订立盟约，故称"海上之盟"。

公元1122年，即宋宣和四年，金军按计划攻占辽中京等地。北宋这厢，收取燕京的行动也在轰轰烈烈地展开，宣抚使正是总揽兵权的童贯，副宣抚使为蔡京长子蔡攸。宣抚都统制刘延庆督兵十万攻辽，不料铩羽而归。《三朝北盟会编》记载：

> （十月）二十八日……刘延庆申二帅乞那回军马，二帅以小竹纸亲札报之曰："仰相度事势，若可以那回，量可那回，不管有误军事。"延庆得之，一夕，中军先自焚辎重，不告诸将而退，众军罔测，遂大溃。

此前，刘延庆率军行至良乡（今属北京市房山区），遇辽军南下阻击。交战中，宋军大败，闭垒不出。在下属的建议下，刘延庆派两名部将率部乘虚袭取燕京，并命第三子刘光世为后援。后因刘光世背约未至，攻入燕京的二将失援，或败退，或战死。宋辽对垒于泸沟河之南，辽军以计虚张声势，刘延庆惶恐不已，准备逃跑，同时不忘请示上级：

---

① 原名马植，字良嗣，以字行。徽宗赐姓赵。

可否"那回"①？童贯和蔡攸的亲笔批复则写在一张竹纸上。

刘延庆紧紧攥着这张竹纸手札，那感觉就像是抓住了救命稻草，简直要把纸上的竹筋给搓下来。战争前线，常见竹纸的身影，比如舆图即是由细毫笔在细竹纸上绘就，邸报也有用竹纸的，更常见的大概还是传递信息的密书，以及来往通信的公文。

宋时写密书，大多用竹纸，而且要用柔韧性差一些的粗竹纸，表面有竹筋、草屑。粗竹纸纸质脆弱，不堪折叠，如果被人打开过，就会留下痕迹，此即《纸谱》所说："今江浙间有以嫩竹为纸，如作密书，无人敢拆发之。盖随手便裂，不复粘也。"《宋会要辑稿》又载："今后客茶笼篰并用竹纸封印，当官牢实粘系，不得更容私拆。"用竹纸封印，道理和密书大同小异，也是为了防止私拆。而用竹纸写手札，可能也有这方面的考虑。

这竹纸手札上写的什么呢？翻译成白话文就是："你根据实际情况，相机而动吧，如果可以撤回，那便撤回，但不得贻误军机大事啊！"这是一个模棱两可的回复，刘延庆得到后却如获至宝，将这道回札视为自己逃跑的许可证。一夕之间，中军自焚辎重，甚至没和诸将打招呼就撤退了，可见其军纪之涣散。宋军自乱阵脚，一败涂地。

此事造成了严重的后果，自宋神宗熙宁、元丰数十年积攒下来的军备花销、丢弃殆尽。《靖康稗史笺证》记载："是年三月，诏童贯、蔡京攻辽，败绩。七月，诏刘延庆袭辽。十月，败归，金始轻我。"宣和四年（1122），宋军两次征燕京皆败，童贯后来不得不乞求金兵援助，代取燕京，而金兵则顺利攻占辽五京②。自己能轻松做到的事，

---

① 即"挪回"。

② 辽有五京，即上京临潢府（治今内蒙古巴林左旗东南波罗城）、中京大定府（治今内蒙古宁城西大明镇）、东京辽阳府（治今辽宁辽阳）、南京析津府（即燕京，治今北京城西南隅）、西京大同府（治今山西大同）。

队友却做得如此费劲，最终还得靠自己帮忙，经过此事，金人就开始轻视宋人了。

刘延庆的申文和童贯、蔡攸的复文都不愧为文牍主义的"杰作"，这些竹纸记载下一场互相甩锅的经典案例。刘延庆分明是自己希望撤回，为推卸责任计，要宣抚司给他一个书面答复，同意撤回。童贯、蔡攸毕竟是浸淫官场多年的人精，故意回复得含含糊糊，要刘延庆自己斟酌裁度，把责任推回去，然后再官样文章地责成他不可误事。

其实，误不误事都不在双方考虑范围内，他们只求自己不用负责，或者少负责任就好。但这复文的确救了刘延庆一命，后来朝廷追究起战败的责任，刘延庆出示这张竹纸回札，算是得到了较轻的处分，因为童贯、蔡攸也不能把全部责任都推到他头上。难怪他要把这回札当成救命稻草呢！

竹纸手札的身影不止一次在《三朝北盟会编》中出现。宋高宗在位的最后一个整年，即绍兴三十一年（1161），宋金边境战端重开。金主完颜亮起兵六十万，分四路大军征宋，兵锋直指江浙。宋高宗赵构遂派大臣叶义问以皇帝之名赴前线督军。《三朝北盟会编》记载，该年十一月四日，"义问离镇江三十里，宿下蜀镇。至未时后，有流星急递马传报淮东总领朱夏卿竹纸手帖云：自食后有金人侵及瓜洲"。在瞬息万变的战场上，竹纸成为传递战况信息的载体。

送信者是淮东总领朱夏卿的手下。朱夏卿之父朱胜非是南宋初年宰相，分别以"唐""虞""夏""商""周""汉"给儿子们起名，朱夏卿为第三子。朱夏卿的姨父张邦昌，靖康之难后被金国强立为大楚皇帝，建立"伪楚"政权，派来的使者曾被朱胜非囚禁，他家的情况还真有点复杂。

绍兴年间（1131—1162）设御前诸军，置淮东、淮西、湖广、四川四总领，总领各路军马钱粮。完颜亮挥师南下，若想直捣皇城，必经淮东，两淮防线最为吃紧。淮东总领此时流星飞马来报，定有紧急军情。果然，竹纸手帖上写道，是日午后，宋金两军已在瓜洲短兵相接。

"京口瓜洲一水间"，两地隔长江南北相望。瓜洲若失，金人势必渡江直取京口、镇江，长江天险将为两国所共有。叶义问见信，连忙发动民夫沿江挖掘沙沟，伐木做鹿角栅御敌。与此同时，从各处发来的邸报表明，金军主力正在淮西的采石（今安徽马鞍山市西南）一带集结。淮东瓜洲的这一拨，看来只是疑兵啊！

此时，老将刘锜坐镇淮东，负责淮西防务的是建康府都统制王权。以中书舍人参谋军事的虞允文受叶义问之命，至采石犒师。适逢主将王权罢职，三军无主，虞允文毅然督战，激励将士大破金军，取得了采石之战的胜利。那封竹纸手札，倒是见证了宋军的一次胜利。

三、宋人用什么纸刻书

雕版印刷术在宋代得到了极大的普及，促进了刻书业的发展，至神宗年间，官府解除不准擅刻书籍的禁令，各种印本极盛。宋代刻书机构分为官刻、家刻、坊刻三大系统，遍布全国各地，当时形成了四川、杭州、福建三大刻书中心：北宋初年刻书以川蜀最盛，北宋后期两浙最为精美，南宋则闽刻数量居全国之首。

我国古代的刻书用纸，大致分为麻纸、皮纸、竹纸三大类。麻纸是最早出现的，唐代的古书据考证多用麻纤维纸，其原料是麻织品，纤维较粗，手感粗糙，有白麻纸和黄麻纸之分，帘纹（造纸帘印）一般较皮纸和竹纸为宽。到了宋代，由于社会发展，麻纸用料稀少，逐渐被以各种树皮为原料的皮纸和以竹子为原料的竹纸所替代。

皮纸的种类很多，主要有棉纸、宣纸、桑皮纸等。桑皮纸有黄、白两种，质地坚实，纤维特细，纸面发亮，容易起长毛，最早见于北宋刻本，光滑洁白，惹人喜爱。宋代建本（福建建阳地区出版的本子）大部分都是用竹纸，竹纸的特点是纸面光亮平滑，纤维细而短，不起毛，掀起来哗哗响。

两宋时期古籍善本用纸情况

刊刻时间	善本名称	用纸
南宋中期	廖氏世彩堂刻《昌黎先生集》	细薄白色桑皮纸
景定元年（1260）	吉州刻本《文苑英华》	楮皮纸
咸淳年间（1265—1274）	《咸淳临安志》	楮皮纸
宋	杭州刻宋版《文选五臣注》	皮纸
绍兴三年（1133）	临安府刻本《汉官仪》	皮纸
庆元三年（1197）	眉山刻本《国朝二百家名贤文粹》	皮纸
宋仁宗在位时期	司马光《资治通鉴》稿本	皮纸
元丰元年（1078）	内府写本《洪范政鉴》	楮皮纸
大观二年（1108）	藏经《佛说阿惟越致遮经》	高级桑皮纸
元祐五年（1090）	福州刻本梵夹装《鼓山大藏》之《菩萨璎珞经》	竹纸
绍兴十八年（1148）	建本《毗卢大藏》	竹纸
咸淳二年（1266）	碛砂藏本《波罗蜜经》	竹纸
天禧元年（1017）	刻本《妙法莲华经》	桑皮与竹料混合纸
明道二年（1033）	雕版《大悲心陀罗尼经》	桑皮纸
明道二年（1033）	兵部尚书胡则印施《大悲心陀罗尼经》	精竹纸

随着印刷业的发展，自北宋起，历代皇帝常下旨把重要的经书、史书、医药书等交杭州刻印，最重要的一点是杭州刻印书籍质量高，印刷精美，且与用纸不无关系。两宋之交的叶梦得曾言："今天下印书，以杭州为上，蜀本次之，福建最下。京师比岁印板，殆不减杭州，但纸不佳。"此处"京师"谓汴京。这从一个侧面说明杭州的纸"佳"。

南宋时，临安可谓印刷"硅谷"，刻书和出版业极其发达，市场繁荣，书铺林立。太庙前尹家书籍铺、大树下橘园亭文籍书房、众安桥南贾官人经书铺、清河坊北街赵宅书籍铺、棚前南钞库相对沈二郎经坊、棚前南街王念三郎家经坊、中瓦子张官人诸史文籍铺、中瓦南街荣六郎书籍铺……就连纸铺、纸马铺也要来分一杯羹，譬如钱塘门里车桥南大街郭宅纸铺、猫儿桥河东岸开笺纸马铺钟家都兼营书业。

竞争激烈，怎样才能脱颖而出？除了书的题材要迎合大众口味，其他细节也要尽善尽美，包括校书、排版、字体、用墨、用纸。酒香也怕巷子深，书铺还得吆喝一嗓子。棚前南钞库相对沈二郎经坊《妙法莲华经》的牌记，堪称教科书级别的广告：

> 本铺今将古本《莲经》一一点句，请名师校正重刊。选拣地道山场抄造细白上等纸札，志诚印造。见住杭州棚前南钞库相对沈二郎经坊，新雕印行，望四远主顾寻认本铺牌额请赎。谨白。

"细白上等纸札"极有可能是白色的皮纸。由钱塘出版家陈起经营的临安府睦亲坊陈宅经籍铺[①]，印刷时即选用上好的皮纸，用墨也极为讲究，且校勘严谨，刻工刀法精妙剔透，字体俊美清朗。竹纸以淡

---

① 也称"临安府棚北大街睦亲坊南陈解元宅书籍铺"。陈起曾考中解元。

南宋京城临安刻书处示意图（底图原刊姜青青《〈咸淳临安志〉宋版"京城四图"复原研究》）

1. 太庙前尹家书籍铺；2. 中瓦子张家文籍铺；3. 中瓦南街东荣六郎家书铺；4. 猫儿桥河东岸钟家笺纸马铺；5. 棚北大街睦亲坊南陈宅书籍铺；6. 众安桥南贾官人经书铺；7. 棚前南街王念三郎家经坊；8. 棚前南钞库相对沈二郎经坊；9. 橘园亭文籍书房；10. 洪桥南河西岸陈宅书籍铺；11. 鞔鼓桥南河西岸陈宅书籍铺；12. 临安府太学刻书处；13. 纪家桥国子监刻书处；14. 钱塘门里车桥郭宅经铺；15. 净戒院刻书处；16. 菩提院刻经处；17. 临安府府学刻书处；18. 临安府刻书处

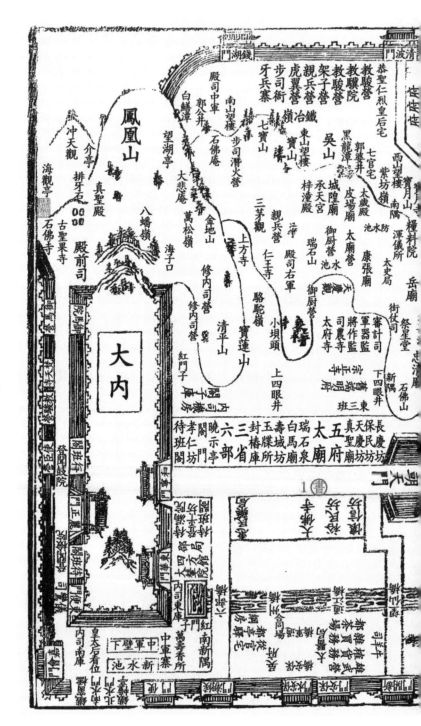

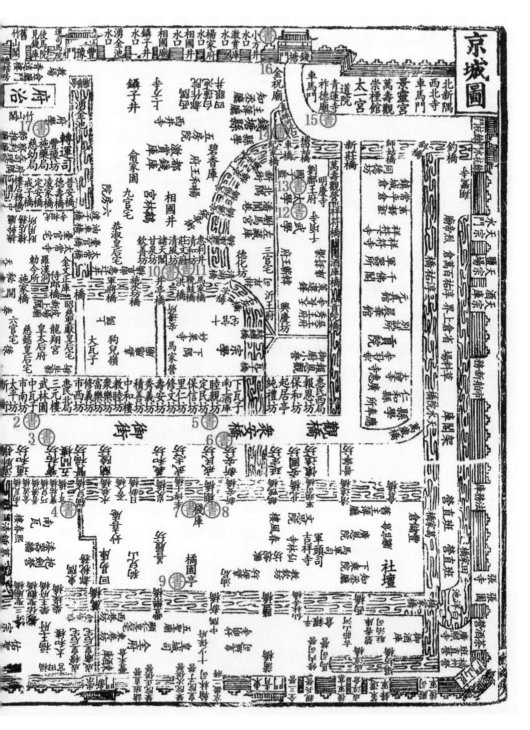

京城圖

黄色居多，也有白色的，不过一般来说，竹纸在用于印书时很难归入"上等纸札"之列。

南宋刻书家、藏书家廖莹中，在杭州建书坊，号"世彩堂"。廖莹中是贾似道的门客，世彩堂财大气粗，刻书务求精美，"凡以数十种比校，百余人校正而后成，以抚州草抄纸、油烟墨印造，其装褫至以泥金为签"（《癸辛杂识》）。

比如世彩堂版《九经》，开刻之前，要比照数十种底本，由上百人校正。再拿用纸来说，当时用桑皮纸的，已经算是上品了，可世彩堂不惜工本，专门派人跑去抚州（今属江西）定购一批高档的草抄纸，用泥金麝香调配油烟墨印造，怪不得墨色莹洁，满纸清香。

宋代朱熹《答巩仲至》云："《楚词》当俟面议，元本字亦不小，可便以小竹纸草印一本携以见示。"明代钱塘人高濂的《遵生八笺》载："宋板书刻以活衬[1]竹纸为佳，而蚕茧纸、鹄白纸、藤纸固美，而存遗不广。"可见宋时亦常用竹纸印书、裱褙。

当时有不少临安书商南下创业，如钱塘王叔边等，把家乡先进的刻书技术带到闽中各地。建阳崇化还有浙人聚居的钱塘村。其实，不止福建，在竹纸的重要产地浙江，竹纸的生产、交易也自成气候。发达的竹纸生产业与刻书业相得益彰。在宋本中，常见用不同之纸印刷同一版本书之现象。以下这条珍贵的史料，还原了宋代印造书籍中各个环节的单价。秦观《淮海文集》（包括《文集》四十卷、《后集》六卷、《长短句》三卷），宋乾道九年（1173）高邮军学刻本卷末有记文八行，文曰：

　　高邮军学《淮海文集》计四百四十九板，并副叶褾背等，

---

[1] 装订古书时，背后所衬的白纸称为"活衬"。

共用纸五百张：三省纸每张二十文，计一十贯文省；新管纸每张一十文，计五贯文省；竹下纸每张五文，计二贯五百文省。工墨每版一文，计五百文省。青纸褾背作一十册，每册七十文，计七百文省。官收工料钱五百文省。①

印刷《淮海文集》用了三种纸：一为三省纸，即宋代最高档的公文纸印本，这种纸价格不菲，每大张 20 文省；二为新管纸，即新接收的公文纸，每大张 10 文省；三为竹下纸，即南宋广泛用于印书的一般竹纸，每张 5 文省。各用 500 张，而《淮海文集》凡 449 版，余数当

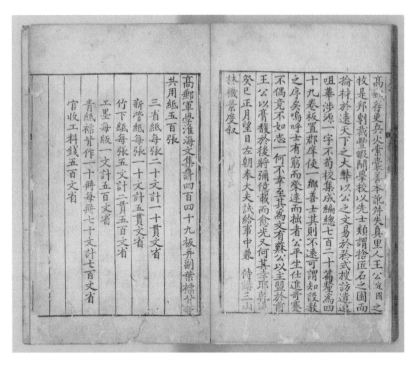

〔南宋〕乾道高邮军学刻本《淮海文集》书影

① 褾背，即裱褾。省，即省陌，以不足百数之钱作百钱使用。

为防止废坏而留有余地。

上述三种纸分别用于特精本、精装本和平装本之印书纸，前两种主要用于送礼或供收藏家收藏等特殊用途，用竹纸的平装本用于一般销售，销量较大。销售量也是决定成本的重要因素，可惜的是上述引文没有提供销售价和印数，无从考察其全部印造成本和利润。即使保本微利书，如印刷量大，利润亦颇可观。

北宋书价每册约 100 文钱，南宋时期，由于通货膨胀，物价飞涨，书价也随之提高，每册在 200—400 文之间。绍兴年间（1131—1162）米价每石约 3000 文。在图书成本中，印书纸的花费大约占到 50%。官方所印纸墨俱佳，可能还会是彩图精印本，民间所印则多为简装本。当然，两者的售价也相去甚远，如两宋所造之日历，官刻本每本售价达 300 文，民间私印每本仅售一二钱（仍有赢利），价差竟达 150 倍。

明代中期，由于宋本久远，刻印质量好，流传稀少，文物价值增高，使宋版书的价格暴涨。明末汲古阁主人毛晋为了搜求宋版书，在书楼门前张贴告示，谓"有以宋椠本至者，门内主人计叶酬钱，每叶出二百"，开创了宋版书以页论价的先河。到如今，则更是有"一页宋版，一两黄金"之谓。

四、用竹纸制香和制药

北宋元祐元年（1086），诗人兼书法家黄庭坚花了十首诗的代价，从一个叫贾天锡的人那儿换来了"意和香"的香方。写给贾天锡的十首诗里，有一句"天资喜文事，如我有香癖"。黄庭坚坦承，自己有一个特殊的癖好——"香癖"。

无论是汉末的荀令留香，还是宋初的徐铉焚香伴月，那缕缕馨香让人如入芝兰之室，不仅芬芳扑鼻，而且颐养身心。宋代俗谚云："烧香点茶，挂画插花，四般闲事，不宜累家。"香事是宋人提高生活质量的重要点缀。宋徽宗赵佶的《听琴图》中，抚琴者身边的高几上立一香炉，青烟袅袅，若隐若现，营造出听觉与嗅觉的双重享受。正如赵希鹄所感慨的那样："夜深人静，月明当轩，香爇水沉，曲弹古调。此与羲皇上人何异？"

黄庭坚痴迷香道，还自己调香，譬如意和香、意可香、深静香、小宗香，因他担任过国史编修官，后人称之为"黄太史四香"。此四香并非黄庭坚所原创，但因黄庭坚而闻名。宋代陈敬《陈氏香谱》记录了黄庭坚的香方：

黄庭坚像

　　黄太史四香，沉、檀为主。每沉二两半，檀一两，斫小博骰，取椟查液渍之，液过指许，三日乃煮，沥其液，温水沐之。紫檀为屑，取小龙茗末一钱，沃汤和之。渍晬时，包以濡竹纸，数熏焄之……

　　这里说的是四香中的意和香，制作方法大致是这样的：将沉香和紫檀劈成骰子般大小，用椟楂果液淹渍，汁液要没过香料一指的高度。淹渍三日后以火煮之，继而过滤果液，以温水清洗候用。再将紫檀切成细末，取小龙团的茶末冲泡茶汤浸润之，然后用濡湿的竹纸包裹烘制……

　　没错，制香也会用到竹纸，而且其中的讲究颇多，不是随便拿来一张纸就能用，得精挑细选。不难想象，要用竹纸包裹香料浸在茶汤里，必须耐水浸泡，既要透水，又要有韧性。沉檀的浓香配上茶汤、竹纸的清香，幽幽香气萦绕鼻端，不禁令人深吸几口气。

　　宋代竹纸的兴起具有一定的地域性：作为书画用纸，竹纸兴盛于江浙一带；作为印书用纸，竹纸在福建地区更为发达。经过一段时间的发展，竹纸分为粗细两种，细者纸面均匀光滑，粗者纸面粗糙不平，且有没捣碎的竹筋隐现其中。

　　就包裹香料来说，需用品质较好的细竹纸，这种纸张吸水性好，沾水后韧性强，不像有些纸浸水后会出现纸渣。黄庭坚以降，竹纸常在制香中使用，如宋代张邦基在《墨庄漫录》中记载，自制“鼻观香”，需“以湿竹纸五七重包之”，也要用椟楂果液淹渍。

　　顺带一提，除了制香，古人还用竹纸制药。宋代养生学家陈直的《养老奉亲书》记载：“前朝太医院定熟水，以紫苏为上，沉香次之，麦门冬又次之。苏能下胸膈滞气，功效至大。炙苏须隔竹纸，不得翻，候香，以汤先泡一次，倾却再泡用，大能利气极佳。”瞧瞧，竹纸还真是神通广大，不仅在制香时经得起水的洗礼，还在制药时受得住火的考验。

熟水是宋代流行的一种饮料，用植物或其果实煎泡而成，以紫苏为上，沉香次之，麦门冬又次之。紫苏熟水有理气宽胸、消积导滞之效。其制法是，取紫苏叶在火上烘焙，不可翻动，待香气散发后收起，再以沸水冲泡，第一遍将水倒去，第二遍方可饮用。煎紫苏时需隔一层竹纸。

黄庭坚是"二十四孝"中"涤亲溺器"的主人公，身为朝廷命官，家中也有婢女和侍妾，但他还是亲自为母亲李氏清洗马桶。母亲生病期间，他日夜侍奉，衣不解带；及母丧，筑室于墓旁守孝，哀伤成疾，几乎丧命。说不定，他用来制香的那些竹纸，也曾为母亲煎泡过熟水。

黄庭坚是洪州分宁（今江西修水）人，他的两任妻子都出生于江浙。他初娶湖州知州孙觉（字莘老，高邮人）之女为妻，成婚两年，孙氏未有所出，竟病故了。空窗数年后，续娶了谢景初最小的女儿，成为富阳女婿。谢氏是位才女，在操持家务之外，还吟诗作对。不过这也是自娱自乐，有夫君黄庭坚为知音便足矣，就连一道做女红的小姑子都不知她会作诗。（黄庭坚《黄氏二室墓志铭》："能为诗，而叔妹不知也。"）

婚后，谢氏生有一女，名为黄睦。可惜天妒红颜，女儿四岁时，谢氏便撒手人寰。后来，黄庭坚的发妻孙氏被追封为兰溪县君，人称"孙兰溪"，继室谢氏被追封为介休县君，人称"谢介休"。侍妾石氏为他生下一子，名叫黄相，黄庭坚总算儿女双全。他和岳丈谢景初多有唱和之作。黄庭坚有个外甥名叫洪刍，在香学领域也造诣深厚，写了两卷《香谱》，这或多或少是受到舅舅黄庭坚的影响。

同样在元祐年间（1086—1094），黄庭坚给友人写了一封书札，内容是关于婴香制作的配方："婴香，角沉三两末之，丁香四钱末之，龙脑七钱别研，麝香三钱别研，治了甲香壹钱末之，右都研匀。入牙消半两，再研匀。入炼蜜六两，和匀。荫一月取出，丸作鸡头大。略记得如此，候检得册子，或不同，别录去。"这便是流传至今的《制婴香方帖》，现藏于台北故宫博物院。

江山易变，嗜好难改。绍圣年间（1094—1098），作为元祐党人的黄庭坚被贬至黔州（治今重庆彭水），"香癖"伴他走过千山万水。在黔中，他念念不忘那可制香又可制药的竹纸，写下《黔中与人帖》，说："有竹纸乞数十，但恐亦竭矣。"他向友人讨要数十张，但恐友人那里也没有质量上乘的竹纸，不知问谁要才好。

宋徽宗崇宁二年（1103）十一月，黄庭坚以"幸灾谤国"之罪被羁管宜州（治今广西池河市宜州区），次年五月抵达。因是待罪编管之身，不能居于城关，黄庭坚遂搬到宜州城南租赁住所。一处人声鼎沸的集市内，一间不挡风雨的残破小屋，取室名"喧寂斋"，面对贩牛屠牛的小贩，嗡嗡作响、拂之不去的蚊蝇，他安详地焚香静坐，悠然面对。美妙的香味，使他沉浸在自己心灵的世界之内，怡然自得。恶劣的环境和强大的心灵形成强烈的对比，正所谓"隐几香一炷，灵台湛空明"。

崇宁四年（1105），六十一岁的黄庭坚病逝于宜州。但不知在宜州的这两年里，他是否再亲手调制过他喜爱的香呢？

五、从纸糊桌子讲起

古典名著《三国演义》描写赤壁之战前夕，周瑜因嫉贤妒能，委托诸葛亮在十日之内赶制十万支箭。诸葛亮却说只消三日便可，还立下军令状，若办不成，甘受重罚。这正中周瑜下怀，他认定这是不可能完成的任务，好趁机将诸葛亮除之而后快。没承想，神机妙算的诸葛亮上演了一出"草船借箭"的戏码，令周瑜目瞪口呆。这一段小说情节家喻户晓，为诸葛亮足智多谋的形象增添了浓墨重彩的一笔。

宋代罗大经的《鹤林玉露》记载了一则与"草船借箭"有些相似的真实故事，只不过，箭换成了用纸糊的桌子。原文是这样的：

> 世传赵从善尹临安，宦寺欲窘之。一日，内索朱红桌子三百只，限一日办。从善命于市中取茶桌一样三百只，糊以清江纸，用朱漆涂之，咄嗟而成。

赵师𥲚（1148—1217），字从善，系宋太祖八世孙，为宋孝宗淳熙二年（1175）进士，与"永嘉四灵"之一的赵师秀是同辈人。他曾任金部郎中，向孝宗禀奏宫廷各部门存在的种种不法迹象，还提出了杜绝贪污作弊的办法，之后协助朝廷一次又一次解决经济难题；一生中四次出任临安知府，以干练著称。与此同时，他谄事权臣，做了许多让士人君子不齿的事情，甚至为讨好韩侂胄而学狗叫，所以时论鄙之。

兴利除弊容易得罪既得利益者，贪财媚上也会引起别人的反感。

赵师𡿟某次知临安府时，宫里的宦官有意刁难之，交办下来一件差事：置办三百张朱红色的桌子，限一日内完成。事实上，这种大红桌案费工费时，别说是临时制造了，就算是找出三百张现成的，也很难在一天之内完成。兴许，宦官也明白这是"不可能完成的任务"，存心要让赵师𡿟出洋相。

结果，赵师𡿟随机应变，竟然很快就交出了答卷。他下令各衙役到临安城的各大酒楼茶馆借取一些桌案，借到桌子后，又命人将桌子洗刷干净，糊上一层清江纸，然后在纸上刷一层红油漆。一天之内，三百张大红油漆桌案就准备好了。据说，这些桌子是预备着祭祀仪式使用的。等到祭祀结束，把红漆纸撕去，又是日常可用的饭桌茶桌了。

用来糊桌子的清江纸，系出产于抚州（今属江西）金溪县清江渡的白纸。南宋大臣周必大从临安（今杭州）回庐陵老家，途经金溪，说："清江渡，甚狭，而水可造纸。"其纸颜色洁白，书写顺滑，为文人所喜爱，赵孟𫖯、康里巎巎、张雨、鲜于枢多用此纸。宋元之交的文学家方回诗曰："若夫拟岘台登临而赋诗，不妨寄我清江纸一匹。"

清江纸极为厚韧，不仅是书写的好纸，而且可以作为房屋的材料。杨万里为了防止风雨摧花，用桐油浸泡过的清江纸做花房的"纸瓦"，其《勺药七》诗中云："何以筑花它，笔直松树了。何以盖花它，雪白清江纸。纸将碧油透，松作画栋峙。铺纸便成瓦，瓦色水精似。"可见清江纸以质量坚韧被宋人普遍应用于日常生活中。

有一句歇后语叫"纸糊的桌子请客——抹抹就抹去一块"，桌子如果真用纸糊，只怕是轻轻一掀就倒，用湿布擦擦就破掉一块，类似于纸扎。赵从善以清江纸糊桌子的做法，是依托桌子原有的材质而成，所以并不影响其原本的使用功能。

宋代有纸阁，系用纸糊贴窗、壁的房屋，而并非真的纯粹用纸糊成了一间楼阁，否则就成为祭祀的纸扎楼阁了。范成大赞曰"席帘纸阁护香浓"，纸壁与纸顶对于香芬有较强的吸附能力，因此，焚香于纸阁内，芳氲可以持续得较久。赵汝锓《雪中寻僧》诗中则咏及"水波糊纸阁，春乳泛茶瓯"，是说用皱纹如水波的纸糊成纸阁。

还有纸屏风。宋人蔡确《夏日登车盖亭》诗云："纸屏石枕竹方床，手倦抛书午梦长。"唐宋以来，"木为骨兮纸为面"的纸屏风成了广泛应用的生活设施。白居易写过《素屏谣》，"素屏"即白纸屏风。纸屏风由数层纸裱糊成厚纸板制成，不但成本低廉，大多数人都消费得起，并且便于制作，轻巧灵活，破了之后也容易修补。

此外，还有纸被和纸帐，其原料当和纸阁、纸衣相类似。纸被，亦称纸衾、楮衾，以楮树皮为原料，长而柔软的纤维制出的纸张洁白松软，具有极佳的保暖性能。宋代诗人王洋《以纸衾寄叔飞代简》中就有"我有江南素茧衣，中宵造化解潜移"的句子，形容纸衾的暖和。

《遵生八笺·纸帐》载："用藤皮茧纸缠于木上，以索缠紧，勒作皱纹，不用糊，以线折缝缝之。"制作时将藤皮纸（也有可能是楮皮纸或桑皮纸）卷在棍子上，再用绳索一圈圈缠在纸卷之外，缠绕时让绳索紧紧收束，在纸面上勒出皱纹，其意图是让纸料变柔软。苏轼有《纸帐》诗，其中说"乱文龟壳细相连"，就是形容用作帐帏的纸经加工后会形成不规则细密皱纹。

纸还可以制成装饰品。《宋史·五行志》记载，宋太宗淳化三年（992），"京师里巷妇人竞剪黑光纸团靥，又装镂鱼腮中骨，号'鱼媚子'以饰面"。南朝宋武帝的女儿寿阳公主引领了"梅花妆"的风尚，时人纷纷效仿，剪梅花或梅花等形状的饰物贴于额头，谓之"花钿"。花钿原本是用金翠珠宝制成的。宋太宗淳化年间（990—994），京师开封的里巷妇人用金箔、黑光纸、鱼鳃骨、鱼鳞、茶油等制成花钿，用以粘贴饰面，号称"鱼媚子"。

看似柔弱的纸张，甚至可以制成铠甲，由纸做基底，再配合棉布、

纸铠甲

旧棉絮一起制作，成品就是古代的"防弹衣"。早在唐懿宗时期，河中节度使徐商为抵御突厥，便折叠纸张做成铠甲。五代末期，淮南起义的农民就用纸做铠甲，当时这些军队被称为"白甲军"。至两宋时期，纸甲已成为重要的防身装备之一。

作战用的铠甲肯定不是制作一件两件即可，据《宋史·兵志》，宋仁宗康定元年（1040）四月，"诏江南、淮南州军造纸甲三万，给陕西防城弓手"。一次性制造和分发三万件纸甲，可见这已经是当时的正式装备。纸甲单件用纸量就十分大了，这么多件做下来，纸的供应能跟上吗？宋人很懂得回收再利用，造甲衣的原料，是公文废纸和陈年簿籍。司马光的《涑水记闻》中有"诏委逐路州军以远年帐籍制造"的记载。时任太常丞、直集贤院、签书陕西经略安抚判官的田况也说："臣前通判江宁府，因造纸甲得远年帐籍。"

从纸糊桌子，到用废纸做铠甲，宋人的"头脑风暴"还真是创意无限，今天的我们仍可从中汲取灵感。

六、会子背后的故事

在人类历史各种货币形态中，纸币是一种较高级的货币形态。聪明的先人发现，不断磨损的铸币仍能完成交易媒介的职能，表明货币充当流通手段时，人们并不计较它本身的价值，从而想到用纸币取代铸币。

人类使用货币的历史已有三四千年，而纸币出现仅一千年左右。纸币与历史上长期行使的铸币相比，不但具有重量轻、使用和携带方便、易于流通、促进贸易、繁荣商业、发展生产等优点，而且能节省制造铸币所需的宝贵材料和极其精巧的劳动，使之用于发展生产，增加社会财富，提高人民的生活水平。到今天，纸币已成为"地球村"里通行的货币形式。

北宋时，出现了世界上最早的纸币——交子。至宋高宗绍兴元年（1131），南宋朝廷开始发行关子。当时因婺州（治今浙江金华）屯兵，运钱不便，召商人在婺州付出现钱，由政府发给见钱关子，携往杭州、越州（治今浙江绍兴）向榷货务兑取现钱，或换取茶盐钞引。又发行籴粮食用的见钱关子，亦称"和籴关子"。关子初为汇票性质，以后才成为流通货币。景定五年（1264），贾似道又发行金银见钱关子，亦称"铜钱关子"。

南宋主要的纸币是会子，其广泛使用于南宋的东南地区，故而通称"东南会子"或"行在会子"。初在民间发行，称"便钱会子"，绍兴三十年（1160）改由户部发行，称为"官会"。是年，钱端礼任户部侍郎兼临安知府，于次年主导设立了史无前例的纸币发行机构——"行在会子务"，正式发行行在会子。

《宋史·食货志》载："（绍兴）三十年，户部侍郎钱端礼被旨造会子，储见钱于城内外流转。其合发官钱，并许兑会子，输左藏库。"钱端礼由此被誉为南宋的"纸币之父"。他是吴越王钱俶的后裔，土生土长的临安人，女儿嫁给了宋孝宗的长子赵愭，被立为太子妃。可惜的是，赵愭年仅二十四岁便薨逝，谥号"庄文"，下葬的地方就在西湖赤山附近，也就是今日杭州的太子湾。

至于左藏库，则是归户部管辖的仓库，存放着户部掌管的钱财经费，是由蕲王韩世忠的宅第改建的。临安城里归户部管辖的仓库，存放着户部掌管的钱财经费。山外青山楼外楼，光说造纸币的官署，就有会子务、会子库、造会纸局等。造会纸局的人将造好的纸张运送到左藏库保管，会子库的人每日清晨去左藏库领取印刷用纸，傍晚再把印刷好的会子交还至左藏库。

行在会子在民间得到了广泛的应用，比如抓周的物品、嫁娶的聘礼、比赛的奖品等，当然最主要还是充当流通的货币。日常的纸币使用会造成损耗，这就需要不断生产出新的纸币来替换。钱端礼等计划将其分界发行，每三年为一界，即同期印出的会子只能使用二年，二年后停用，继而发行、使用新一批。

和交子一样，会子也是一种印刷票据。临安印刷技术发达，早在五代吴越王钱俶主持雕印《陀罗尼经》（全称《一切如来心秘密全身舍利宝箧印陀罗尼经》）时便打下了基础，到了南宋更是取得了空前的发展。随着会子印制数量的大增，印刷不在话下，问题是纸张的告急。

印制会子的纸张必须精挑细选。今天制作纸币的纸张大多经久耐用，耐折而不易断裂，并具有一定的防水性，古代也是同理。宋廷先是将造会子纸的重任托付徽州，继而交给成都，那边生产上好的楮纸，色泽洁白，强度也高。可成都离临安太远了，囿于当时的运输条件，难以为继。如果能就地制造会子纸，那该削减多少运输成本啊！

据南宋潜说友《咸淳临安志》："（会子库）在本务……日印则取纸于左帑，而以会归之。……（造会纸局）在赤山之湖滨。先是造纸于徽州，既又于成都。乾道四年三月以蜀远，纸弗给，诏即临安府置局，从提领官权兵部侍郎陈弥作之请也。始局在九曲池，后徙今处。"

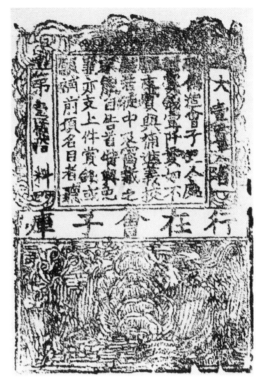

南宋会子铜版

在宋代官员的设想中，应当有专门抄制交子纸的地方，使用民间得不到的特殊纸张，由专业工匠亲自完成，并且制作方法严禁外传。南宋乾道四年（1168），兵部侍郎陈弥作奏请设置"造会纸局"，起初选址于九曲池，后来搬迁到西湖边的赤山。鼎盛时，工匠达一千二百人，均纳入政府编制。发行会子，需要官员发挥主导作用，而维系这套制度更离不开各司其职的普通匠人。

早在宋初，便有废纸造纸技术。元代马端临《文献通考》记载："隆兴元年……及下江西、湖南漕司根刷举人落卷，及已毁抹茶引故纸，应副抄造会子。"南宋时，官署还把落榜举人的考卷纸和茶叶的包装纸掺入新纸浆中抄造成纸，印制会子。

会子因用楮纸印制，又名"官楮"，其制造原料从何而来？这一千二百人的抄纸工匠，又会从哪里抽调呢？

其实，并非徽州和成都才产楮纸。靠近临安的绍兴府，古称会稽，便是著名的楮纸产地。临安府辖领九县，其中钱塘、仁和为赤县，余杭、富阳、盐官、新城、临安、昌化、於潜为京畿县，各县的地位也今非昔比。作为天子脚下的近畿之地，又是富春江的水运枢纽，富阳可谓水陆要冲，舟车过往频繁。这里本就以产纸闻名，除竹纸外，富阳人也以桑树皮、藤皮、楮皮为原料生产皮纸，此时正可将造纸原料源源不断地供给京师。

造楮纸也要用到竹料。明代宋应星的《天工开物》记载了楮纸的制造工序："凡皮纸，楮皮六十斤，仍入绝嫩竹麻四十斤，同塘漂浸，同用石灰浆涂，入釜煮糜。"意思是，先把楮树的内皮剥下来，把六十斤楮皮和四十斤嫩竹麻一起放入水塘中浸泡，再用石灰浆浸透，放入大锅中煮烂，然后漂洗、捣碎成纸浆。

我们不妨做这样的设想：在南宋都城临安的造会纸局中，不少临安籍的工匠正在忙前忙后。灶中的柴火生得很旺，一口大锅内煮着什么东西，有人从井里取水，倒进缸里。有人将一捆捆就近取材送来的物料运至水池边，又有人从池内舀出灰白色的浆水，淋于物料之上……

赤山造会纸局后来一直延续到南宋末年，前后历时一百多年。其周边的太子湾、净慈寺和雷峰塔，作为西湖南线的知名景点，在近千年后的今天，吸引着络绎不绝的人们前来寻古探今。

以纸币替代金银，不外乎为了方便。假使钱端礼穿越到今天，看到他的家乡——这座"移动支付之城"里更便捷的支付方式，也许会报以会心一笑吧。

七、国舅爷也曾凿纸钱

明器，或曰冥器，原是古代殉葬的器物，后来演化为焚化给死者的纸质器物，专门为随葬制作，只有外形而没有实用功能，即所谓"纸扎"。南宋赵彦卫的《云麓漫钞》解释说："古之明器，神明之也。今之以纸为之，谓之冥器，钱曰冥财。冥之为言，本于《汉武纪》：'用冥羊马。'不若用'明'字为近古云。"

比如说纸钱，即祭祀时烧化给死人当钱用的纸锭之类，只有钱的外形，而并没有钱的实用功能。白居易《寒食野望吟》诗云："风吹旷野纸钱飞，古墓累累春草绿。"做纸钱的一般是处于古代社会底层的劳动人民，可谓"无名小卒"，然而有位宋人却可谓特例。

北宋初年，杭州少年李用和家境贫困，"北漂"到东京开封府，以做纸钱谋生。他的姐姐李氏是一名宫女，侍奉宋真宗的美人刘娥。刘娥备受宠爱却没有生育，便与宋真宗想出"借腹生子"的法子，让李氏侍寝。李氏果然产下一子，刘娥将其取为己子，此子即后来的宋仁宗。这就是"狸猫换太子"的故事原型。

宋仁宗亲政后得知身世真相，追念不已，尊生母李氏为庄懿皇太后，后改谥为"章懿"，与章献太后刘娥一同升祔太庙。作为宋仁宗的亲舅舅，李用和实现了从社会底层到顶层的跃升。宋仁宗对国舅爷一家极尽优待，还将唯一的女儿福康公主下嫁李用和之子李玮。要不是因为姐姐的缘故，李用和恐怕要一辈子做纸钱吧。

纸钱可以用凿、剪和手叠等数种方式制作。《宋史》记载，李用和"凿纸钱为业"。据研究，用一种圆形方孔模具凿钱，敲凿一次，可穿透数张纸，产量颇高。有的还能凿成若干枚纸钱连成的长条，象征着成贯的钱。剪纸钱的工艺比凿钱工艺出现得早，据传南朝便有此法。纸扎在南北朝后期产生，宋元迅速发展，明清达到顶峰。

纸扎原本只指丧葬的纸制品，并不强调用什么工艺，既可以剪，也可以剪加裱糊，工艺的复杂和简单完全是根据需要而定。总体上来说，纸扎起先以剪为主，裱糊是后来发展起来的。纸扎品表面所用的纸可按照实际要求自由选取。

宋孟元老《东京梦华录》曰："纸马铺皆于当街用纸衮叠成楼阁之状。"李用和年少时，很可能就是在这样的纸马铺"打工"。纸马铺是旧时经营香烛纸马的店铺。所谓"纸马"，亦称"甲马"，为旧时祭祀用品，以五色纸或黄纸制成，上印神像，俗称"神纸"。

至于"衮叠"，可能是用纸卷成梁柱，再用纸折叠成墙面和房顶，是制造立体纸扎的工艺，其制作难度高，只有专业人士才能胜任，因此它要在市场上购得。最初的殉葬品大概是用活人和活物来充当的，既残忍又浪费。用纸扎本来是出于节俭，可一旦丧家竞相攀比，市场鼓动，则又日渐变得奢靡。

古时的丧葬尤其是皇帝的大丧，仪仗有方相、魂幡、铭旌、幡亭等。在这四项仪仗中，方相和幡亭都是纸所制作出来的各种形态。方相是走在送葬队伍的最前面，用纸和竹等糊扎成的高大狰狞、凶恶可惧的神灵形象；而幡亭是用白纸或白绢扎制成的亭状物，用车载，以在亭中放置香炉。

制作有骨架的纸扎时，以能够灵活弯曲的、有韧性的竹篾或荆条扎成各种骨架，南方多用竹篾，而北方多用荆条。再在骨架上涂糯糊，糊上纸面，就做成了立体纸扎。而纸钱、纸衣等不需要支架的平面纸扎，通过折叠、书写、上色糊贴等简单的步骤就能完成。

《东京梦华录》又载："七月十五日，中元节。先数日市井卖冥器：靴鞋、幞头、帽子、金犀假带、五彩衣服，以纸糊架子盘游出卖。潘楼并州东西瓦子，亦如七夕。耍闹处亦卖果食、种生、花果之类，及印卖《尊胜目连经》。又以竹竿斫成三脚，高三五尺，上织灯窝之状，谓之'盂兰盆'。挂搭衣服、冥钱，在上焚之。"七月十五日中元节这一天，祭祀亡者的民众要买来纸制的靴鞋、幞头、帽子、金犀假带、五彩衣服、冥钱、盂兰盆等焚烧，要买鲜花、果食，看"目连救母"的杂剧。官方也要在这一天专为阵亡将士设立超度亡魂的道场。

纸扎当中，衣着占了大头，古代墓葬中时而发现纸鞋、纸靴、纸冠、纸帽、纸腰带等等，将这些纸质的衣着替代纺织品穿在死者的身上。后周太祖郭威驾崩时，遗命殓以纸衣、瓦棺。劝说武平节度使周保权降宋的李观象，为人"清苦自励"，帐帏、寝衣皆用纸制作。纸衣也是纸扎的一种，它算是一个特例，既有衣服的外形，也基本上具备了衣服的实用功能。

苏易简《文房四谱·纸谱》说"山居者常以纸为衣"，叶绍翁《四朝闻见录》记载一名日本国僧，"不衣丝绵，常服纸衣，号'纸衣和尚'"。不过，这种纸衣与纸扎的纸衣是不同的，常以楮树皮为原料，在抄纸时有一道特殊环节——把两张纸粘贴在一起，因而成品比一般纸厚，也更结实。一般做法是将楮皮纸缠绕在木棍上，再用手压或绳缠的办法形成鱼鳞般的皱纹，使纸料变得像布一样柔软，继而以针线直接缝合。给人穿的纸衣经过特殊加工，有一定的牢度，柔软透气，穿着舒适。丧葬纸衣所用纸张没那么讲究，一般使用廉价的纸张，经过仿真处理。

南宋文学家、学者洪迈，在《夷坚志》中记录了这样一件事：通州海门县主簿摄尉事，到海上巡警，为巨潮所惊，得了心病。他对妻子说："有妇人立我傍，求绯背子，宜即与。"妻缝绯背子纸衣并焚之。第二天，

"妇人"告诉主簿昨天烧与她的纸衣少了一块衣角，主簿之妻到焚烧之处检视，发现原来是灰烬中有一块纸片没有烧化，于是"复为制一衣"。从中可见古人的迷信心理。

南宋钱塘人吴自牧的《梦粱录》中，有两段关于南宋临安纸马铺和冥器作的记载：

> 岁旦在迩，席铺百货画门神桃符、迎春牌儿，纸马铺印钟馗、财马、回头马等，馈与主顾。（卷六《十二月》）
>
> 其他工役之人，或名为作分者，如碾玉作、钻卷作、篦刀作、腰带作、金银打钑作、裹贴作、铺翠作、裱褙作、装銮作、油作、木作、砖瓦作、泥水作、石作、竹作、漆作、钉铰作、箍桶作、裁缝作、修香浇烛作、打纸作、冥器等作分。（卷十三《团行》）

吴自牧还提到临安繁华市场的"舒家纸扎铺"和"狮子巷口徐家纸扎铺"。狮子巷在羊市街西，折北有祇园寺。巷子两旁开着许多店铺，曾建有歌馆平康坊，晚上有夜市，卖煠耍鱼、罐里煠鸡丝粉、七宝科头。南宋的徐家纸扎铺就位于这样一条颇具市井气息、充满人间烟火的街巷。如今，歌馆或许变成了KTV，夜市演变成大排档，纸扎店成了花圈店。纸扎依然在一些丧葬场合可以见到，不过内容也变得现代化了。

八、油纸扮演的各种角色

民间传说《白蛇传》里，清明时节雨纷纷，在西湖的摇橹船上，许仙把雨伞借给白娘子，由此开启了一段戏剧性的悲欢离合。雨伞相当于两人的定情信物，所以，电视连续剧《新白娘子传奇》中有一首插曲叫《雨伞是媒红》，歌词说"一把纸伞遮娇容"。这种伞很可能是用油纸制成的，才能禁得住风雨的侵袭。

对于行路之人来说，伞是最常见的雨具，时而也会用来遮挡阳光。古代有两种伞，一种是油纸伞，一种是油布伞。2022年热播的电视连续剧《梦华录》中，钱塘姑娘赵盼儿在秀州华亭县衙撑的是结实厚重的油布伞，用来挡雨，而在汴京的街头则打了一把精巧透亮的油纸伞，用以遮阳，还在为茶铺献艺时，将油纸伞作为表演的道具。

杭州产油纸，这是有明确的文献记载的。清代雍正《浙江通志》引《钱塘县志》载："钱塘出油纸。"钱塘的油纸牢度较高，且可以防雨，故在当时常常用作窗户纸。范成大《大厅后堂南窗负暄》有"一窗油纸暮春和"之句，述及油纸的使用。南宋时临安城中从事油纸制作的人较多，成为都城众多的行业之一。《武林旧事》卷六《小经纪》中所列的"他处所无者"的行业中便有油纸制作一行。

"越筠万杵如金版，安用杭油与池茧。"这是米芾夸赞越州竹纸的诗，以当世名纸"杭油""池茧"为衬托。"池茧"是池州茧纸，至于"杭油"，一般认为是杭州由拳藤纸，但笔者以为亦不妨解读为

油纸伞

杭州油纸，因为油纸的透光性好，或许也能达到像越州竹纸那样"如金版"的效果。

油纸的用途十分广泛。前文说到以纸糊窗，涂有油的油纸作为一种经过加工的特种纸，至迟在唐代就发展起来了。唐代僧人无可《李常侍书堂》有"涂油窗日早"之句。当时，一些功能重要的居室，特别是需要强调良好采光的空间，如书房等，会特意采用油纸糊窗。

陆游《纸阁午睡》诗云："纸阁油窗晚更妍。"纸阁是指用纸糊贴窗、壁的房屋。窗上糊了油纸，既保温又透光。外面的光线透过雪白的油纸射进来，将三面纸屏的薄壁映亮，阁内光雾腾漫，气氛迷人，成就了古代中国人诗意的栖居。陆游在另一诗作《题庵壁》中写道："纸阁油窗见细书。"在设有油纸窗的室内，甚至可以看清书上的小字。

除了透光，油纸最大的优点在于隔水，所以会被制成雨具，乃至于被用作盛放液体的器具。北宋科学家沈括（1031—1095）在《梦溪笔谈》中记载，家住吴中的卢中甫，曾有一次天未亮就起床，看见墙柱的下面有一个东西熠熠发光。卢中甫走近去看，那东西像水在流动，于是他"急以油纸扇挹之"，那东西就在扇中滉漾，犹如水银一般。

我们从《梦溪笔谈》的这段文字可以知道，至迟从北宋起，油纸已作为扇面。《天工开物》记载："凡糊雨伞与油扇，皆用小皮纸。"制作油纸扇和油纸伞需要的材料差不多，只是扇的面积更小，用料会相对少些，所以说"一把扇子半把伞"。清代文学家、学者朱彝尊与友人魏坤联句，作了一首名为《油纸扇》的诗，其中就提到钱塘产油纸扇：

> 本自钱唐制，犹存蜀府名。
>
> 虽殊白羽洁，却比素纨轻。
>
> 蓬勃尘难污，清凉风易生。
>
> 翻嗤王内史，题字费真行。

南宋末年的贾似道，写有两首题为《油纸灯》的诗，收录于他的《促织经》中。这名将别墅建在西湖葛岭的权相，居然还不忘自己一直以来的爱好，百忙之中写了这么一部研究蟋蟀的专著，难怪要被称为"蟋蟀宰相"。此处的"油纸灯"是一种蟋蟀的别称，"头圆腿壮遍身黄"，其形体大概就像一盏油纸灯，故而得名。这也从一个侧面印证了油纸灯在当时的普及，毕竟，人们总是爱拿生活中常见的意象来作为另一样事物的喻称。

油纸还被制成暖帘。《金瓶梅》写到权贵太监府中客厅上，在冬天便是"厅前放下油纸暖帘来，日光掩映，十分明亮"；讲述富商西门庆与妻妾一起赏雪，"于是在后厅明间，内设锦帐围屏，放下轴纸梅花暖帘来"。油纸暖帘在明代广为使用，既防风寒，又相对能够透光。它是卷轴的形式，可以卷起也可以放下，纸面上还绘有各种图案。此外，油纸还用作包装纸，包裹黏稠状物或保护重要物品等。如《七侠五义》第八十一回讲到"取出油纸包儿里面糍子"，《喻世明言》卷十有"解开包袱，里面又有一重油纸封裹着"的描述。

纸原本脆弱易损，且不耐湿，必须过油，方可经雨不破。根据清代唐秉钧《文房肆考图说》，做油纸时，把白绵纸先加以湿蒸，然后涂上特制油料，还要卷裹在圆棍上反复捶打，以此使得油匀纸坚。把油涂上纸时，动作要快，让油纸很快就变干，才能保证纸面光鲜亮洁。

如果到油纸作坊里观摩制作方法，看上去就和煎药似的：把油料用慢火煎，以槐枝搅拌；且颇讲方剂学中的"君臣佐使"之道，烧滚了之后，要下皂角、蝉壳、密陀僧、无名异等佐料，继续搅拌。原始的油料也像药方一样有配比，有种做法是取麻油四两、桐油三两、定粉一钱、蓖麻子一百粒，将定粉与蓖麻子分别研成细末，然后用麻油拌匀，再加入桐油，搅打为成品。[①] 原料中的"定粉"，是传统女性化妆所用的白色铅粉。

从白绵纸到油纸，纸的经历就好像人的经历，要被时间磨炼，被"捶打""过油"，由少不经事变得心志愈坚。那一把油纸伞轻轻张开，撑过了岁月的风风雨雨。

---

① 制作方法另见《居家必用事类全集》《普济方》等。

九、裹贴纸——源于宋代的小广告

所谓"裹贴",是指印有广告的包装纸。"裹",包裹、包装也;"贴",具有招贴之意,即招引注意力而进行张贴。这相当于传单和包装纸的结合体,既包裹了商品,又做了宣传。宋代城市商品经济发达,商家铺市销售商品均需消耗大量裹贴。据《梦粱录》,南宋时,临安有专门制作裹贴的作坊,称为"裹贴作"。

用纸作为物品包装,在中国大概与纸的发明相伴而出现。考古工作中曾发掘出年代更久远的包装纸,其上也有文字,但那些文字只在于说明物品的来历、性质,而并不具备宣传自己、招徕顾客的招贴广告作用,故而不能被定义为裹贴。出土于吐鲁番的元代杭州裹贴纸,是世界上现存最早的广告纸之一。

1906—1907 年,德国皇家普鲁士考察队在我国吐鲁番木头沟的柏孜克里克佛窟中拾得一片印字文书。纸片已残,但其上所印 5 行文字较完整,为木刻印板印成,5 行字之外有双线外框,长宽均为 9 厘米,其文字如下:

信实徐铺,打造南柜佛金诸般金箔,不误使用,住杭州
官巷,在崔家巷口开铺。

无独有偶。1980 年,吐鲁番文管所在柏孜克里克清理洞窟残渣的

垃圾中，也清出了类似的两片木刻印板纸片，其中一件纸形比较完整，带有双线外框的文字也是5行。虽然出土纸的上边及右侧被裁剪去一部分，但在印板文字外框之外，仍能看出有明显的方形折叠痕，显示出包过某种平面物品的特征。此件现藏于吐鲁番博物馆，其文字如下：

□□□家，打造南无佛金诸般金箔，见住杭州泰和楼大街南，坐西面东开铺，□□辨认，不误主顾使用。

根据第一件纸片的"信实徐铺"推测，第二件纸片的"□□□家"也许是"信实□家"。"信实"意为诚实、真实可靠，岳飞《李通归顺奏》"于是多遣信实之人密行，宣布朝廷之德意，说谕约结……"在铺名前冠以"信实"，起着自我宣传的作用。此外，"□□辨认"似可辨为"仔细辨认"。

裹贴纸

由以上文字不难推断，这两张纸片是两家店铺为推销自家所打造的金箔的一种宣传广告。金箔呈正方形薄片状，第二张裹贴的方形折叠痕，说明该纸被用来包裹过金箔。两家店铺均坐落于杭州，前者在官巷内的崔家巷口，后者在泰和楼大街南。

随着印刷术的发展和广泛运用，宋代出现

了不少印刷广告。现藏于中国国家博物馆的"济南刘家功夫针铺"广告青铜版就是典型的物证。此铜版雕刻上面刻有"济南刘家功夫针铺"字样，中间是白兔捣药的图案，取意于中国的神话传说，两侧有"认门前白兔儿为记"的标注，下方写着："收买上等钢条，造功夫细针，不误宅院使用，□□兴贩，别有加饶，请记白。"整个广告既有店铺标记，又宣传了商品的质量和售卖方法，其表现要素很接近我们近现代的广告。

现藏于故宫博物院的宋代杂剧《眼药酸》广告画，一人用手指着右眼扮眼疾患者，另一人肋下挂一布囊，其巾、袍、布囊上都画上大大的眼睛，主题突出，形象夸张。还有宋度宗咸淳八年（1272）万柳堂药铺的仿单铜板，刻有"万柳堂药铺"五个字，一图有"气喘""愈功"字样，另一图有两人，一人作气喘痛苦状，另一人手拿一物，眉宇轩昂，该图表明该药为专治气喘的特效药，会药到病除。

造纸术与印刷术分别提供了新的出版载体和技术，是一对关系亲密的好搭档。裹贴纸就是其中的代表之一。在吐鲁番发现的那两张裹贴纸，为什么说源自元代的杭州，而不是宋代的杭州呢？

官巷、泰和楼都是南宋临安城中流传下来的地名。据《梦粱录》，官巷内有盛家珠子铺、刘家翠铺，马家、宋家领抹销金铺等销售金银珠翠之类华丽装饰品的铺席，而打造销售金箔的徐铺位于此处开铺，也就很应景了。泰和楼，亦名太和楼、大和楼，位于柴垛桥之东，是官酒库中的东库，兴起于南宋孝宗统治时期，即乾道、淳熙间。名楼一经出现，街以楼名，总需要经历一个时期。

南宋建炎三年（1129），杭州升为临安府，到元朝至元十五年（1278）改为杭州路总管府。可以说，南宋一朝，基本无"杭州"这个地名。而两张裹贴均署地名"杭州"，只能是元朝至元十五年以后的包装纸。

杭州的裹贴纸又为何出现在迢迢千万里之外的吐鲁番？

吐鲁番是古代丝绸之路的重镇。公元1275年,即南宋灭亡的前一年,蒙古贵族发动叛乱,叛首海都、都哇、卜思巴等率士卒十二万,围攻臣属于元廷的回鹘高昌国。海都等的猛烈进攻,给吐鲁番地区的社会经济、文化造成严重破坏,直到至元二十年(1283),元廷才在此建立和州宣慰司。此后,吐鲁番地区的经济又逐渐恢复,柏孜克里克的佛窟才得以重新修整装饰。这应是杭州产的诸般金箔运来吐鲁番的大背景。

钱塘自古繁华,到了元代,作为江浙行省的省会,成为中国历史上疆域最为广袤的大一统帝国的南方统治中心。那时的杭州不仅吸引了越来越多的外地人,还有不少外国人。意大利旅行家马可·波罗对杭州惊为"天城",发出了由衷的赞叹:"杭州是世界上最美丽华贵之天城。"

公元1276年,南宋临安城被元军和平接管,没有经过战火的摧残,故入元后仍能保持商品经济繁荣。货物从这里源源不断地流向世界各地,比如那家徐记金箔铺生产的金箔,就被长途贩运商队大批量采购,沿丝绸之路运往西域。工商繁盛的市容之下,则是城市的生齿日繁、市民的安居乐业。如果没有元统一后全国的和平安定环境,就不大可能有大批杭州的金箔不远万里被运到柏孜克里克的佛窟中来。吐鲁番出土的杭州裹贴纸,也正是昔日南宋都城繁华的珍贵物证。

参考文献

1. 丁春梅：《中国古代公文用纸等级的主要标识》，《档案学通讯》2004年第2期。

2. 潘吉星：《中国造纸史》，上海人民出版社，2009年。

3. 赵习晴：《浅谈丧葬中纸的艺术》，《大众文艺（理论）》2009年第13期。

4. 张小燕：《纸扎在中国宗教文化中的演变脉络探析》，《民俗研究》2018年第2期。

5. 陈燮君主编：《纸》，北京大学出版社，2012年。

6. 徐兴业：《金瓯缺（第2卷）》，长江文艺出版社，2009年。

7. 赵千菁、贾琦：《中国古代纸甲构成分析及其造物思想研究》，《服饰导刊》2020年第4期。

8. 王申：《一夕纸醉千金散——南宋的纸币与杭州》，杭州出版社，2018年。

9. 陈国灿：《陈国灿吐鲁番敦煌出土文献史事论集》，上海古籍出版社，2012年。

10. 中国国家博物馆：《"济南刘家功夫针铺"广告青铜版》，https://www.chnmuseum.cn/zp/zpml/csp/202008/t20200826_247463.shtml。

11. 杭州市富阳区社会科学界联合会：《富春宋韵文化研究资料（二）》，《社科有研》第11期。

12. 方健：《南宋刻书业的书价、成本及利润考察》，《国际社会科学杂志（中文版）》2014年第2期。

含章蕴藻
HANZHANG WENZAO

斯文雅韵

一、苏易简和他的《纸谱》

北宋至道二年十二月初九（997 年 1 月 20 日），刚过腊八节。东京开封的皇宫大内，宋太宗赵炅回顾着一年以来发生的大事：

这一年，尽管在西北征剿李继迁受挫，蜀中又爆发了王鸬鹚起义，但胜败乃兵家常事，起义也很快平息，总体上还算河清海晏，时和岁丰。要说更令宋太宗挂碍的，可能还是他的潜邸旧臣，曾任宰相的宋琪于两个多月前病逝。"年年岁岁花相似，岁岁年年人不同"，又到蜡梅花开时，可有的人已经不在了。

恰在此时，又一则讣文呈至御前，时任陈州知州的苏易简（字太简）去世，年仅三十九岁。宋太宗心里咯噔一下，先是难以置信，继而又感到在意料之中，随即发出了重重的一声叹息："可惜也！"

这声"可惜也"，细细品来，包含了好几层意思。

第一层"可惜"，自然是苏易简的英年早逝。三十九岁，踩着而立之年的尾巴，还未能踏入不惑之旅，在这个万象更新的岁末，他却等不来新的一年了。同年去世的宋琪享年八十，苏易简连他的一半都没有活到。哪怕以杜甫所说的"人生七十古来稀"来衡量，其亡年依然是令人痛心的过于年轻。

第二层"可惜"，则是失去了一棵"好苗子"。苏易简是太平兴国五年（980）被宋太宗钦点的状元，是作为宰辅之材重点培养的，淳化五年（994）便已出任参知政事（副相）。这两年以礼部侍郎的身份出知邓州、陈州，虽是被弹劾后的贬谪，也算让他下基层历练。谁能想到，

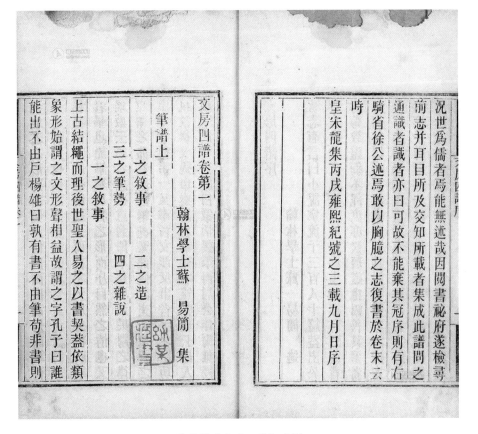

況世爲儒者焉能無述哉因閱書祕府遂檢哥

前志并目耳所及交知所載者集成此譜問之

通識者識者亦曰可故不能棄其冠序則有右

騎省徐公述焉敢以胸臆之志復書於卷末云

時

皇宋龍集丙戌雍熙紀號之三載九月日序

文房四譜卷第一

　　　　翰林學士蘇　易簡　集

筆譜上

一之敘事　　二之造

三之筆勢　　四之雜說

一之敘事

上古結繩而理後世聖人易之以書契益依類

象形始謂之文形聲相益故謂之字孔子曰誰

能出不由戶楊雄曰孰有書不由筆苟非書則

苏易简《文房四谱》书影

这一去，竟然再也回不来了。

　　还有第三层"可惜"，苏易简并非病死或因"意外"致死，可以
说是他自个儿"作死"的。他死于自己当初被弹劾的原因——嗜酒如命。
对此，宋太宗早已多次告诫过他，并御笔亲书戒酒的诗篇，让苏易简
当着母亲薛氏的面朗读，以此来督促他切勿贪杯误事。只是，苏易简
屡教不改，依旧狂喝滥饮，最终因此丧命。

　　此外，或许还有第四层"可惜"。苏易简才思敏捷，知识渊博，
以文章著称于世，工书法，就算抛开仕途，他也是一颗冉冉升起的文

坛新星。任翰林学士时,他作《文房四谱》五卷(含《笔谱》两卷,《砚谱》《纸谱》《墨谱》各一卷),续写唐代李肇的《翰林志》两卷,身后还有文集二十卷传世(现已佚)。他的著作列表原本可以不断添加更新,却随着他的逝去戛然而止。

人生寄一世,奄忽若飙尘。绝大多数人一生的痕迹像尘土那样被疾风吹散,却也有不少人在历史上留下了属于他们的一笔。宋太宗的八世孙、南宋大臣赵汝愚少年即有大志,尝言:"大丈夫得汗青一幅纸,始不负此生。"后来,他高中状元,官至右丞相,继而遭贬、暴卒,与苏易简的人生经历竟有几分相似。若以赵汝愚的眼光来看,苏易简虽然走得匆忙,但也算是"不负此生"了。雁过留声,人过留名,苏易简和赵汝愚双双《宋史》留名,得到了记录他们事迹的"汗青一幅纸"。赵汝愚官至宰相,且在当时是士大夫的领袖,他在朝野的影响力非苏易简可比,在历史上的地位也非常高。苏易简则另辟蹊径,他还创造了一项"世界纪录"——其所撰的《纸谱》,据称是世界上现存最早的关于纸的专著。

说起来,"易简"这个名字如果从字面意思来理解,倒也天然地与纸有缘,毕竟替代("易")了简牍的书写载体,不就是纸吗?虽说造纸术在汉代就被发明出来,可许多人还是习惯性地使用简牍,就好比20世纪就有了电子书,而21世纪的许多人还是愿意阅读纸质书一样。东晋末年,桓玄废晋称帝,颁布"以纸代简"令,直至南北朝末,纸张才完全取代了简牍。苏易简一如其名,确实也是个关心造纸业发展的人,这卷《纸谱》,伴随着五代末、北宋初造纸术的进步而产生,记述了纸的源流、制作、用途、特点等,折射了纸对社会生活的重要影响。

东汉蔡伦发明蔡侯纸之时,用的原料是树皮、麻头、破布、旧渔网。劳动人民因地制宜,将造纸术不断发扬光大,根据采用原料的不同,造出了麻纸、藤纸、楮纸等等。《纸谱》当中则说:"今江浙间有以嫩竹为纸……"这表明，至迟在北宋初年，已经有竹纸了。

苏易简生于蜀地，入仕之初当过一段时间的昇州（今江苏南京）通判，对于江浙间竹纸的生产既有耳闻，兴许也有所目睹。其时，江浙一带已有一些造纸"大厂"，据史料记载，仅四川、安徽、江西、江苏、浙江等地，就有90余处纸坊。[①] 要问这些"大厂"具体建在哪儿，答案肯定不止一个，而现在留下的实证则指向了一个地方，那就是富阳。这里的泗洲造纸作坊遗址，是我国现已发现的年代最早、规模最大的古代造纸遗址。泗洲造纸作坊的一块长方砖上，赫然刻着苏易简去世的年份：至道二年。

《纸谱》具体讲了些什么呢？全书分为四个部分，包括"一之叙事""二之造""三之杂说""四之辞赋"。在"叙事"部分，苏易简首先勾勒出简牍、幡纸[②]、蔡侯纸这一演变历程，说明在纸出现之前人类记录载体的变化。苏易简在撮取材料时，分别列举了藤角纸、侧理纸、鱼卵纸、缥红麻纸、桑根纸等种类。此外，他还谈到了纸张的保存，苏易简引李阳冰所言，纸应当保持洁净，避免风日的侵蚀。

后人的研究，一般都要借鉴前人的研究成果及相关著述，苏易简的《纸谱》里也引用了不少的前人著述，假如我们给《纸谱》列一个参考文献，或许会有《墨薮》《通俗文》《东观汉记》《东宫旧事》《抱朴子》《旧唐书》《历代名画记》《资暇集》《翰林志》《神仙传》《岭表录异》《世说新语》……当然，《纸谱》也被后来的不少文献所引用，尤其在与纸相关的文献中，它的"被引率"还是很高的。

在"辞赋"部分，苏易简誊录了前人与纸相关的辞赋，包括西晋傅咸的《纸赋》、南朝梁江洪的《为傅建康咏红笺诗》、梁简文帝萧

---

① 石谷风：《谈宋代以前的造纸术》，《文物》1959年第1期。
② 幡纸：指古代裁剪成一定规格，用来写字的绢帛。

纲的《咏纸》、南朝梁刘孝威的《谢官纸启》、隋代薛道衡的《咏苔纸诗》、唐代舒元舆的《悲剡溪古藤文》、唐代段成式的《与温庭筠云蓝纸绝句并序》、唐代周朴的《谢友人惠笺纸并笔》、唐代文嵩的《好畤侯楮知白传》、唐末至五代前蜀韦庄的《乞彩笺歌》、唐末五代诗僧齐己的《谢人赠棋子彩笺诗》等。

《纸谱》既引用了宋以前的大量资料，又展现了北宋的现实情况。苏易简通过自己的见闻，提供了许多宝贵的资料，如北宋时造纸的主要原料产地以及品种分类，其中包括北宋时江南地区用嫩竹造纸的情况，反映了竹纸在北宋的发展情况。

二、究竟谁是"纸币之父"

有个"一钱诛吏"的典故，说的是北宋名臣张咏当崇阳县令时，发现手下小吏从库房出来，头巾里偷藏了一枚钱币。张咏杖责小吏，那小吏颇不服气，嚷嚷道："不就是拿了公家一枚钱，有啥大不了的？谅你也就打我几下，必不能杀我！"不料，张咏当场就斩了这个小吏，理由是"一日一钱，千日千钱。绳锯木断，水滴石穿"。

上述典故是张咏最知名的事迹之一，而他的另一事迹也与钱币相关。南宋章如愚（号山堂）所辑《群书考索》之"楮券源流"条云："祥符中，张咏镇蜀，患铁钱之重，设质剂法，一交一缗，以三年为界，使富民十六户主之，资产寝耗，不能即偿。薛田请官为置务。天圣元年，寇瑊守益，置益州交子务。绍兴间，钱端礼议令榷货务给降诸军见钱……"南宋戴埴的《鼠璞》也有类似记载。

《宋史·食货志》又载："张咏镇蜀，患蜀人铁钱重，不便贸易，设质剂之法，一交一缗，以三年为一界而换之。六十五年为二十二界，谓之交子，富民十六户主之。"根据这些文献，张咏发明了交子，并在宋真宗大中祥符年间（1008—1016）建立了一交一缗、三年[1]而换之的兑换制度。交子是我国乃至世界上最早的纸币，张咏由此被后世誉为"纸币之父"。

---

[1] 彭信威《中国货币史》认为："所谓三年为一界应当是指官交子，而且所谓三年只是说挂带三个年头，并不是说满三年……实际上就是两足年一换。"

交子

交子是在蜀中流通的，而张咏是个与蜀地很有缘分的人。宋太宗淳化四年（993），川陕地区爆发了王小波、李顺起义。次年，张咏临危受命，调任益州知州，出兵镇压起义军余部，安抚百姓恩威并用，颇见成效。其后，张咏以工部侍郎出知杭州。到了咸平五年（1002），又值王均兵变之后，宋真宗想起张咏以前治蜀有方，再度任命其知益州。张咏两知益州，政绩斐然，被誉为"诸葛亮之后治蜀第一人"。

当时铜币吃紧，蜀中被划为铁钱主币的地区。然而铁钱本身价值低廉，交易中需大量使用，携带极为不便。在市场上买一匹罗，需要两万文铁钱，等于二十贯小钱，有一百三十斤重。能否学习当年刘备入川后铸大铁钱，把现在的十文钱铸成一百文面值？

张咏第二次治蜀时，便与益利等州巡抚使谢涛①议铸由官方发行的景德元宝大铁钱，生产地点放在嘉州、邛州。大铁钱是造出来了，但还是不够轻，那两万文铁钱等于两贯大钱，仍有十三斤重。买匹罗真不容易啊！有没有更轻便的办法呢？

---

① 谢涛：谢景初的祖父。

方法总比困难多，那就用交子。轻轻几张小纸，币值可大可小，商贾怀之便可通行天下，岂不乐哉？唐代就产生了飞钱——类似近代的汇票，而交子则相当于纸币，更为便利。

发行交子最初是民间自发的行为，只要自认为资本充足，周转无忧，即可开交子铺发行交子。交子铺之间互相竞争，一般择其善者而兑换，所谓"善"，大致是看信用、资本实力、服务态度。不过，商海起伏无常，时不时有交子铺倒闭，黑心发行人在倒闭前滥印交子的事情也所在多有。

张咏知益州时，见交子市场奸弊百出，狱讼滋多，乃加以整顿，由十六豪家互相担保，共同主事，纳钱发行。这十六豪家资本雄厚，背后又有政府在密切关注，新发行交子的信用度非常高。交子的统一发行，节约了人们鉴别交子的成本，打消了商人心头的顾虑。自此，蜀中的交子才真正兴旺起来。然而好景不长，十六豪家经营日久，也碰到了同样的问题：资本减少，无法再兑现其发行的交子，又引起无数的诉讼，重蹈覆辙。

回看前文《群书考索》之"楮券源流"条，提到好几个名字，除了张咏，还有薛田、寇瑊、钱端礼。其中，钱端礼是主持发行会子的南宋"纸币之父"。那么薛田和寇瑊呢？南宋吕祖谦《历代制度详说》记载："苟是权一时之宜，如寇瑊之在蜀创置交子……"《宋史·薛田传》云："田请置交子务，以榷其出入，未报。及寇瑊守益州，卒奏用其议，蜀人便之。"

看以上两条记录，这"纸币之父"的桂冠似乎应该戴在寇瑊头上。文献中关于交子情况的记述或前后颠倒，或说法各异，究竟事实如何？

宋真宗大中祥符末年，益州转运使薛田力主成立官营"交子务"，由官府管理交子的发行和兑换，禁止私人发行。宋真宗天禧四年（1020），寇瑊知益州时，下令关闭交子铺，毁印桌，禁止交子发行。私交子的发行至此宣告结束。然而，废除私交子严重阻碍了商业贸易的正常进行，不利于经济交往和社会经济的发展，造成了更为严重的后果，在蜀中引起强烈的不满。

天圣元年十一月戊午（1024 年 1 月 12 日），应益州知州薛田奏请，朝廷在成都设益州交子务，由京朝官一二人担任监官主持交子发行，并置抄纸院，严格其印制过程。这便是最早由政府正式发行的纸币——"官交子"。值得一提的是，当时宋仁宗还未亲政，掌握朝政大权的是皇太后刘娥，而刘娥原是蜀中孤女，是她允准了这件造福家乡的事情。

所以说，交子务是在薛田任上设立的。薛田，字希稷，河中河东（今山西永济）人。《宋史·薛田传》开篇便说他"与魏野友善"，二人交游很久，唱和频繁，交谊为世所公认。北宋诗人魏野（960—1020），字仲先，号草堂居士，陕州陕县（今河南三门峡市陕县老城）人，隐居不仕，工诗，多警句，为时所称。

薛田关心民瘼，兴利除弊，勤政务实，还写下表现宋初成都社会生活各个方面的"史诗"——《成都书事百韵》，赞扬歌咏成都"风物尚饶，旷古称最"。全诗犹如宋初成都社会生活的风俗画卷，以雄健的笔力、巨大的篇幅、一韵到底的排律体制、充沛的情感以及多姿多彩的艺术表现力，勾勒出当时成都自然山水、园林果木、游乐休闲、艺文乐舞、历史文化以及民情风俗等社会生活的方方面面，可视为彼时成都的《清明上河图》。

《成都书事百韵》云"转行交子颂轻便"，这大概是"交子"之名最早出现在诗词当中。当东汉的蔡伦用树皮、麻头、破布、旧渔网等为原料制造纸时，他大概没有料到，这轻薄的纸张在日后竟能成为五铢钱的替代品。把交子发明权附会于张咏头上，可能是张咏治蜀有方的缘故。薛田为进士出身，曾知开封府，以枢密院直学士知益州，其地位不低，但他建立官交子的功绩却被移植于寇瑊头上。张咏等人的事迹不容遗忘，但拨开历史的层层迷雾，后人也应当为薛田正名。

三、曾巩《局事帖》的争议

北宋嘉祐二年（1057）三月五日，宋仁宗御崇政殿试礼部奏名进士，各科共录取 899 人，其中进士科 388 人。若以后人的视角来看，这次贡举可谓文星璀璨，北宋政治界、思想界、文学界的各种代表人物纷纷崭露头角。"唐宋八大家"中的宋六家齐聚京城，其中四大家与这次贡举直接有关：翰林学士欧阳修为贡举主考官，曾巩与苏轼、苏辙兄弟均于此科进士及第。另两大家也有间接关系，苏洵是为送二子应试入京，王安石在京任群牧判官，王安石变法的主要代表人物亦于此科进士及第。

故而，这一年的进士榜，堪称"千年第一进士榜"：章衡、章惇①、邓绾、王韶、吕惠卿、林希、张璪、张载、吕大钧、程颢、朱光庭、苏轼、苏辙……一个个成为日后叱咤风云的人物。同榜登科的还有南丰（今属江西）曾氏的一门四进士——曾巩及其弟弟曾牟、曾布及堂弟曾阜。曾巩（1019—1083）后奉召编校史馆书籍，官至中书舍人，曾为欧阳修、王安石所推许，为"唐宋八大家"之一。

在"唐宋八大家"之中，曾巩原是知名度较低的一位。千年之后，2016 年，曾巩的一件小幅书法作品《局事帖》（约 29 厘米 ×38 厘米）以 2.07 亿元的天价成交，一时轰动收藏界，而就在 2009 年，此帖的成

---

① 章惇的族侄章衡考中状元，章惇耻于居章衡之下，拒不受敕。嘉祐四年（1059），章惇再次参加科考，进士及第，名列第一甲第五名。

交价已达 1.08 亿元。过亿元的书法作品本已难得，七年间竟又升值近 1 亿元。此事极大地提升了当代人对这位北宋文学家的关注度。

《局事帖》写了点什么？来看原文：

> 局事多暇，动履提福。去远诲论之益，忽忽三载之久。跧处穷徼，日迷汩于吏职之冗，固岂有乐意耶？去受代之期，虽幸密迩，而替人寂然未闻，亦旦夕望望。果能遂逃旷弛，实自贤者之力。夏秋之交，道出府下，因以致谢左右，庶竟万一。余冀顺序珍重，前即召擢。偶便专此上问，不宣。巩再拜运勾奉议无党乡贤。二十七日谨启。

全文共 124 字，盖在信札文字尾部，还有一枚"曾巩再拜"油密印文。信不算很长，但行文一波三折，其大意为：

近来工作中多有闲暇，借此信祝您安宁幸福。自上次恭听您的教诲，转眼已过去三年，敝人蜷居在荒远的边境，整日埋头于烦琐的官场事务中，生活没什么乐趣。三年任期将满，我却还不知由谁来继任，因此早晚都等消息。若能离开此地，结束旷日持久的外放，全仰仗您的鼎力相助。夏秋之交，顺道到您府上当面致谢，以表示我的感激。愿您保重贵体，早日高升。特此致以问候，余不赘述。（曾）巩再次向运勾奉议无党乡贤致敬，写于二十七日。

接下来，让我们把关注点聚焦到这帖子的用纸上。此帖写在《三国志·魏书·徐奕传》刻本残页的背面，而《三国志》最早的刻本，盖出自宋真宗咸平五年（1002）。南宋王应麟《玉海》之"咸平赐《三国志》"条目曰："五年四月乙亥，直秘阁黄夷简等上新印《三国志》，赐银帛，以其书分赐亲王、辅臣。"

难道说，曾巩随手把书撕下一页来写信？可观察这封信的口吻，

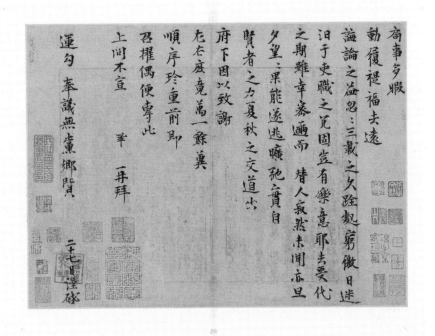

〔北宋〕曾巩（传）《局事帖》

又显得很恭敬，不应该在用纸上如此随意。况且，书纸版心书口处有刻工"王宗"款识，据考证，王宗是南宋绍兴年间的浙江刻工①。这就更离奇了：北宋人的字迹究竟是怎样跑到了南宋刻本的背后？

有人提出，兴许是反其道而行之，北宋人的字帖在南宋时被拿来刻书。古籍版本中有一种特殊情况，叫作"公文纸印书"，就是采用废旧的官府公文档案纸的反面来印书。上海博物馆藏南宋初舒州府本《王文公文集》就属于这种版本，这部七八百页的书，每页都用南宋舒州衙门的公牍档案背面印制，其中不乏名人手简，如舒州知州向沟，学者叶义问、洪适等人的书简几百篇。这些公文信札已被整理出版，

① 参见瞿冕良编著《中国古籍版刻辞典》，齐鲁书社，1999 年。

书名为《宋人佚简》。看来，用信札来印书，也存在一定的可能性。

把这个捋顺了，又有新的争议冒出来，说这页宋刻本的背后并非曾巩的墨迹。理由是，此信从内容到字迹都不像出自曾巩之手。写信者说自己在一个边塞的穷地方做了快三年官，而纵观曾巩一生，曾外任于太平州（今安徽当涂）、越州（今浙江绍兴）、齐州（今山东济南）、襄州（今湖北襄阳）、洪州（今江西南昌）、福州、明州（今浙江宁波）、亳州、沧州，只有沧州靠近边塞。

事实上，曾巩在赴任沧州时途经开封，得宋神宗召见，留京任职，等于被中途"截胡"，故未到沧州上任。且他调动频繁，只在襄州任满三年，而襄州也很难与"穷徼"搭上边。再者，曾巩要申请调任，大可上疏内阁甚至直达天听，没道理低声下气去求一个职位不高的乡贤。这名乡贤的官职"运勾奉议"，前两个字系"发运司管勾文字"或"转运司管勾公事"的简称，后两个字系"奉议郎"的简称，在宋神宗年间，只是正八品的小官。

进一步看，这封信"头轻脚重"：按宋人的书写习惯，每封信起首都有"某启"或"某某顿首"的抬头署名，《局事帖》竟缺失了这个重要因素，令人怀疑暴露身份的前文被裁掉了；末尾钤盖的"曾巩再拜"印文与落款题写的"巩再拜"相重复，给人以"画蛇添足"之感，那枚"曾巩再拜"印文可能是后人添盖的伪印。

故而，有研究者提出，写信者只是个名叫"巩"的北宋九品小官，在边塞小县担任县丞、县尉、主簿之类。为什么说是北宋人呢？因为"运勾"是北宋的说法，到了南宋时，为了避宋高宗赵构之讳，以"管勾"二字统称的"管勾官"一律改称"干办官"。

除此之外，还有人认为，《局事帖》的墨迹或许并非出自宋人，而是明代人的伪造。围绕这张《三国志》残页的争议层出不穷，读者诸公不妨看看热闹，也探探门道。

四、泗洲遗址的过客们

2008 年发现的富阳泗洲造纸遗址，于 2013 年名列国务院公布的第七批全国重点文物保护单位名单。这是富阳首个国家级文保单位，其重大价值可用五个"最"来概括：发现年代最早、现存考古规模最大、工艺流程最全、规制等级最高、活态传承最悠久。泗洲造纸遗址位于凤凰山麓、白洋溪边，而凤凰山上有一座妙庭观，苏轼、王十朋、杨简、范成大等宋代名人均路过此地，并留有诗作。春夏秋冬，四季流转，从他们的视角观察到的泗洲造纸作坊，是什么样子的呢？

（一）苏轼巡行"麦光"产地

提起宋代文化名人，绕不开苏轼；谈及竹纸，也是如此。苏轼对竹子做成的纸感到很新鲜，他写道："昔人以海苔为纸，今无复有；今人以竹为纸，亦古所无有也。"这段话虽然值得商榷，但古代的信息不像现在这样流通，从苏轼的角度来说，他以为竹纸是新奇的事物也情有可原。

北宋熙宁六年（1073）年初，杭州通判苏轼循行属县，从钱塘出发向西南行进，途经风水洞，还作诗题壁。行至富阳，他又游览了普照寺、延寿院、国清院。当地人说国清院墙壁上留有李白题的诗，苏轼兴奋而至，失望而归，认定那是伪作。

虽然未睹诗仙手笔，但沿途的风景未曾让苏轼失望。如果说钱塘山水是"淡妆浓抹总相宜"的名门之秀，那么富春风物则是"养在深

泗洲造纸遗址（富阳区银湖街道提供）

闺人未识"的窈窕淑女。苏轼走走停停，来到了凤凰山上的妙庭观。

　　说起这座道观，原叫明真观，治平二年（1065）赐额"妙庭"。此观来头不小，是传说中西王母的侍女董双成修炼之地。传说董双成本是杭州农家女，及笄之年，父母要将她许给财主家当小妾，她誓死不从，逃到观里修行，后得道成仙。她手脚勤快，别的侍女两天都干不完的活，她一天就能干完，因此被西王母赐名"双成"，深受器重，得以掌管蟠桃园。

　　妙庭观里原在打一口井，不料挖出一尊丹鼎，以及铜盘和破碎的琉璃盆。村民撬开丹鼎，发现其中还有丹药，立即哄抢一空。晚到的村民无丹药可抢，便有人去摩挲丹鼎和铜盘，甚至有无知村民舔舐丹鼎内壁。见此情景，苏轼立时作了两首诗：

富阳妙庭观董双成故宅，发地得丹鼎，覆以铜盘，承以琉璃盆。

盆既破碎，丹亦为人争夺持去，今独盘鼎在耳（二首）

其一

人去山空鹤不归，丹亡鼎在世徒悲。

可怜九转功成后，却把飞升乞内芝。

其二

琉璃击碎走金丹，无复神光发旧坛。

时有世人来舐鼎，欲随鸡犬事刘安。

凤凰山北麓有个泗洲村，村里有一座规模极大的竹纸作坊，他处少见，光是眼前这一面墙，目测长度就有数十丈。走出妙庭观后，苏轼有没有去山脚的这座作坊参观？对于这个问题，各位不妨自行展开联想。

苏轼在《书六合麻纸》中写道："成都浣花溪，水清滑胜常，以沤麻楮作笺纸，紧白可爱，数十里外便不堪造，信水之力也。"其中提出，造纸有赖于"水之力"，比如浣花溪边的麻楮纸造得好，是因为溪水清滑。浣花溪是锦江的支流，泗洲村的白洋溪则是富春江的支流。锦江之于成都，就像富春江之于富阳。

富春江的水质如何呢？在这个问题上，苏轼可能会体会到李白那种"眼前有景道不得"的心情，因

苏轼像

为南梁吴均的《与朱元思书》珠玉在前："水皆缥碧，千丈见底。游鱼细石，直视无碍。"浅青色的一江碧水，清透如镜，江底的细石历历可见，大概还能看到优游其间的白鲦和鲥鱼。

水质对产纸的质量有相当大的影响。群山之中，有无数清澈的山泉，汇集成溪流，源源不断地注入富春江。制造"元书纸"需要山泉水，制造高质量的"元书纸"更看重"头口水"，就是接近山泉源头、无任何污染的山泉水。这便是富春山水为沿岸竹纸生产提供的"水之力"。

拜苏轼所赐，竹纸还有一个雅称，叫作"麦光"。众所周知，苏轼除了文学造诣极高，书法水平也不遑多让。与他并称"苏黄"的黄庭坚，推举他的书法为宋朝第一，前来求笔迹的人络绎不绝。个性放达的苏轼总是有求必应，欣然提笔。有时求字的人太多，他也尽量满足，能写一笔是一笔，不忍让别人空手而归。想来当时的杭州民间，也流散着不少他的墨宝。

苏轼曾作《和人求笔迹》一诗自嘲：

麦光铺几净无瑕，入夜青灯照眼花。

从此剡藤真可吊，半纤春蚓绾秋蛇。

赵次公注："麦光，纸名，盖南中竹纸之流。"瞧瞧，求笔迹的人太多，苏轼犹如开了一场免费的"签售会"，写到老眼昏花，手臂发麻，精疲力竭。"春蚓""秋蛇"即指字无骨力。"剡藤"并非特指剡溪藤纸，而是纸的代称。在视万物为生灵的苏东坡看来，竹可以有生命，纸也同样。写上了像蚯蚓和蛇一样歪歪扭扭的字，这纸节操尽失，简直原地去世，应予凭吊，就算不开个追悼会，至少也要默哀三分钟。

"麦光铺几净无瑕。"沾上墨迹之前，竹纸洁净无瑕。仅从"麦光"这两个字就可想见，其纸面平滑如砥，润笔流畅。苏轼喜用杭产纸笔，

〔北宋〕苏轼《墨竹图》

不仅自己用，且与亲友共分享，从杭州回去探亲时，还为表弟程德孺购置了一份江浙特产大礼包——一百支程奕笔、两千张竹纸。他自己对于竹纸的喜爱则直追王安石，后人搜集苏轼的字帖，其中使用竹纸的居十之七八。

　　绕不开的苏轼，说不完的竹纸。在北宋中后期，竹纸之风顺利地吹进了各个领域，尤以书画界为盛。从此，墨香与竹韵更为紧密地结合在一起，谱写了一篇又一篇翰墨传奇。

　　（二）王十朋：造访富阳的京都状元

　　有句俗谚叫"京都状元富阳纸"，说的应当是南宋的事情，因为富阳是南宋都城临安的属县，所以当地产的纸张比较容易运至京都，供参加科举考试的学子使用。除此之外，还有另一种可能：某位"京都状元"曾对富阳纸大力推崇。这位状元会是谁呢?

王十朋(1112—1171),字龟龄,生于温州乐清,家门口有一条梅溪,因而号梅溪。他立志通过科举走向仕途,为国效忠,但屡试不第,直到某年在临安参加殿试,以一篇针砭时弊、洋洋洒洒万余言的《廷试策》,被宋高宗亲擢为状元。那年,他已经四十六岁,也算是"大器晚成"的人物了。

这位"京都状元"与富阳有着不解之缘。他数度路过富阳,留下《五月十八日去国明日宿富阳庙山怀馆中同舍》《宿富春舟中》等诗篇。他与张湜(字叔清)早年在京城临安太学中一道读书,两人志同道合,可称一对挚友。张湜后来出任富阳县尉,王十朋则写过一首《酬富阳张叔清县尉》,其诗云:"尺素遥传到越城,入怀珠玉照人明。登科雅服才名早,筮仕喜闻官业清。空把交情对山色,要令音问续潮声。匆匆作答无他语,莫羡人间势利荣。"

还有更深的渊源:王十朋曾步苏轼后尘,造访凤凰山上的妙庭观,而且还住了至少一晚。妙庭观内有一间玉笙庵,可供访客居住,王十朋借宿时,兴许是写下《五月十八日去国明日宿富阳庙山怀馆中同舍》前后,亦即绍兴三十一年(1161)的梅雨季节。梅雨淅淅沥沥地下了一夜,状元郎诗兴大发,写下一首《宿妙庭观》:

> 小小琳宫气象清,云耕遐想董双成。
>
> 灵丹炼就覆金鼎,仙鹤归来闻玉笙。
>
> 两绝老坡吟处境,千秋太白曲中名。
>
> 尘埃奔走东归客,寄卧一庵听雨声。

王十朋中状元后初授左丞事郎,签书建康军节度判官厅公事,后任绍兴府签判,除秘书省校书郎兼建王(即后来的宋孝宗)府小学教授。

在秘书省，王十朋在轮对中提出金人必败盟，力陈加强江淮备御之要，请求起用在贬所的刘锜为帅、张浚为相；又论杨存中飞扬跋扈，皇上大悟其言，解除杨存中三军殿帅之兵权；指摘朝廷衮衮诸公耽于安乐，故而大臣多不悦。王十朋急流勇退，乞祠求去，除著作佐郎，罢其兼职，他力辞，皇上出于钦点状元不许；久之，除太宗正丞，再次乞祠去国。总而言之，就是在朝中受到排挤，准备回老家。回去的途中就路过了富阳。

早年居家读书时，王十朋生活清贫，缺笔少纸。葛洪算是节约用纸的典范了，他小时候卖薪买纸，写满字的纸翻过来在另一面继续写，但他好歹买得起纸。南齐的沈驎士为了学习，把别人用过的"反故"纸拿来，写了几千卷书。他比葛洪还要节省，葛洪在一张纸的正反面全写上字，至少拿到的是一张新纸，而沈驎士买不起新纸，只好把别人用过的纸拿来用。

葛洪和沈驎士总归还能用上纸。再看欧阳修，在很小的时候便失去了父亲，由母亲郑氏带大。家中贫寒，买不起纸笔，郑氏便用荻草秆当笔，铺沙当纸，教儿子练字，这便是"欧母画荻"的典故。

到了王十朋这儿呢？他以桌为纸，每天把桌几擦干净，在桌上用手指沾水写数百个字，连草秆都省了。他写了一篇《题卓》："吾贫，好作文，苦于无书可阅；好写字，苦于无纸可书。遂于贫中撰出一术，以卓为纸，以肺腑为书。净几无尘，日书数百字，吾之无尽藏纸也；心之精微，日出数百言，吾之无尽藏书也。"卓，同"桌"，意为几案。他自我安慰说：如此，桌子不就成了用不尽的纸张吗？每天背诵数百言，这些腹笥就是无尽的藏书啊！

对于昔日的"奢侈品"——纸，王十朋心中怀有别样的情愫。他住在妙庭观的日子，如果说去山脚下的泗洲作坊瞧一瞧、看一看，也是再自然不过的事情。见到富阳竹纸，这位状元郎会说些什么、写些

147

什么呢？

　　一提起竹纸，很多人首先想到的是越州竹纸，而非富阳竹纸，很大的原因在于米芾等人对前者的吟诗赞美。富阳作为南宋京都的属县，其地位固然水涨船高，但"酒香也怕巷子深"，富阳竹纸也需要这种"名人效应"。要是有了状元郎亲口赞美的加持，富阳竹纸还怕不声名远扬吗？

　　王十朋说不定也为富阳竹纸写过诗，但已经湮没在历史的尘埃里。而那句"京都状元富阳纸"的俗谚，兴许，就与他有关吧！

　　（三）杨简振兴文教

　　《宋史·杨简传》载："杨简，字敬仲，慈溪人。乾道五年举进士，授富阳主簿。会陆九渊道过富阳，问答有所契，遂定师弟子之礼。富阳民多服贾而不知学，简兴学养士，文风益振。"

　　南宋乾道五年（1169），慈溪人杨简高中进士。步入仕途，他的第一个职位是富阳主簿。主簿是知县的佐官，掌监印、核验文书簿籍等事务。在与文书打交道并实地走访的过程中，杨简发觉，富阳具备得天独厚的发展教育的条件。当地不仅产纸，也不缺墨。墨的主要原料是松烟，富阳地域多山地丘陵，松木漫山遍野，故墨也可就地取材加以制作。

　　杨简也曾到过凤凰山上的妙庭观，并留有同名诗篇：

> 古人所弃今人慕，不谓苏公亦世情。
> 此话若教天上听，定须笑倒董双成。

　　从凤凰山上往下看，远山近岑、村落农田尽收眼底。东眺钱塘，东坞山一带亦可览胜。山下有两个村落：东为观前村——"观"大概

富阳凤凰山

就是妙庭观的意思；西为泗洲村，原名水竹村。观前村除了民房就是农田，而泗洲村则有一座很大的造纸作坊。

这样醒目的作坊，杨简是否会走进去看一看？

富阳生产的竹纸分文化用纸与祭祀用纸。祭祀用纸也叫黄纸，是用竹皮或竹梢、竹丫枝等下脚料所做，色黄且粗糙；文化用纸为白料[①]所做，故微含清香，薄如蝉翼，柔韧如纺绸，纤维密实，易着墨、不渗染，耐贮藏且不招虫蛀。泗洲作坊里在造的，就有文化用纸。

造竹纸，主要分"办料"和"成纸"两大工序。办料就是从砍竹到成料备用的全过程，包括砍竹、削竹、拷白、断料、落塘、浆腌、煮料、淋尿、堆蓬、翻滩等等，前后约需两个月。把竹料捣成细绒状，就成了制造竹纸需要的纤维，过长、过短、过粗、过细都不成。唯有

---

① 白料：嫩竹肉。

抄纸这一节最难：那个竹帘加上水，足有三十多斤，全靠双臂来支撑。料少，薄不堪用；太多，厚而无当，浪费。

杨简路过时，作坊里的工人也许正在荡帘抄纸，这是造纸过程中最费力的工序之一。抄纸人站在纸槽边重复着舀水、抬起竹帘等动作，每次承受的重量约有二十公斤。操作时还得靠经验，抄得轻，纸会太薄，抄得重，纸又会太厚，而且在同一张抄纸帘上也得厚薄均匀。

抄纸这道工序，必然用到一种工具——纸帘。纸帘以细篾丝编成，抄纸师傅将纸帘投入纸槽中，兜起浆液，利用手中功夫晃出多余的，帘子上面积下一层薄薄的纸浆。取下帘子倒扣在放纸的竹席上，揭去帘子，一张湿纸就形成了。

杨简深知，人才离不开教育。"黑发不知勤学早，白首方悔读书迟。"作为地方官员，理应在教育上面做一些引导。宋代雕版印刷业、造纸业的发达，为教育制度的改变提供了必要的物质条件和思想基础。有纸有墨，则可印书、写字，进而兴办学校、培养学生，未来可期啊！任职期间，杨简兴学校、教生徒，富阳县学重新兴盛了起来，他还有建立书院和私塾的打算。

乾道八年（1172），新一科进士榜新鲜出炉，抚州金溪（今属江西）人陆九渊榜上有名。陆九渊中进士归家经过富阳，时任富阳主簿杨简慕名邀其至寓所，交谈之间有相见恨晚之感，两人共同讲论半月。其间，杨简决定正式拜陆九渊为师。虽陆仅长他两岁，且比他晚一届登进士第，但杨简仍执弟子礼。陆九渊的"本心"学说以"甬上四先生"——杨简、袁燮、舒璘、沈焕为得其传，而杨简居其首。

北齐的颜之推说："夫学者犹种树也，春玩其华，秋登其实。讲论文章，春华也；修身利行，秋实也。"其意是说，学习就像种树，春天可以观赏花朵，秋天可以收获果实。谈论文章，加深体会，犹如观赏春花；修身养性，为人谋利益，如同收获秋实。杨简的开文风先河如同"春玩其华",前人栽树后人乘凉,后继者们便得以"秋登其实"了。

十多年后,也就是淳熙十二年(1185),富阳知县糜师旦、主簿叶延年创立了书院。自此以后,富阳的书院像雨后春笋一般冒出来,较有名者有春江道院、富春书院、鳌峰书院、春江书院、龙山课院、三学院、东图书院、妙岩书院、灵峰精舍等。其中,三学院据说还有富阳三学院和新登三学院之分。同样在淳熙年间,县令沈耜与主簿徐自明创办了私塾,虽然规模很小,在乡间僻壤,但也足以启蒙蒙童。

从此,富阳文风益振。泗洲造纸作坊的工人们将成件的竹纸一担一担地挑往周边,目的地除了寺观、书肆,又新增了富阳的书院和私塾。杨简当为此欣慰。

(四)范成大夜宿妙庭观

乾道七年(1171),宋孝宗任命张说为签书枢密院事,一时物议沸腾。张说是太上皇后吴氏的妹夫,即太上皇赵构的连襟、宋孝宗名义上的"姨父",可谓正儿八经的皇亲国戚,但口碑历来很差,有不少大臣抗议这一任命。中书舍人范成大扣留任命的诏书七日不下达,又上疏劝谏。

最终,此事不了了之。然而,在表露真性情的同时,也终究得罪了权贵,持反对意见的大臣们多遭外调,其中范成大被调得最远——他以集英殿修撰出知静江府(今广西桂林)兼广西经略安抚使。乾道八年(1172)腊月七日,他从家乡吴郡(今江苏苏州)出发,南经湖州,到达余杭。

腊月二十八,范成大与送行的兄弟妹侄在余杭别过,走陆路前往富阳,晚上宿于富阳县客馆中——说是客馆,其实是一座废寺;二十九日晚登舟,计划由富春江溯江而上,经江西、湖南而至广西,但风雪阻舟,

泗洲造纸遗址（富阳区档案测绘馆提供）

泗洲造纸遗址鸟瞰（富阳区银湖街道提供）

无法行进，不得不在富阳多滞留一晚。他特意循着苏轼、王十朋的足迹，选择住在凤凰山上的妙庭观。有诗为证：

宿妙庭观次东坡旧韵（二首）

其一

桂殿吹笙夜不归，苏仙诗板挂空悲。

世人舐鼎何须笑，犹胜先生梦石芝。

其二

升降三田自有丹，浪寻盘鼎斫仙坛。

扣门倦客惟思睡，容膝庵中一枕安。

所谓"次韵"，又叫"步韵"，是古体诗词写作的一种方式，指按照原诗的韵和用韵的次序来和诗。苏轼的原诗，以"归""悲""芝""丹""坛""安"作为韵脚，范成大的次韵诗也一模一样。此去岭南，范成大想起了苏轼的那首《定风波》："试问岭南应不好，却道，此心安处是吾乡。"虽遭远谪，但自己问心无愧，内心是安定的。

范成大《雪寒围炉小集》诗云"席帘纸阁护香浓"。纸阁，即用纸糊贴窗、壁的房屋，妙庭观中的玉笙庵，会否就设有纸阁？窗外的飞雪似漠漠梨花烂漫，纷纷柳絮飞残，琼瑶满地，庭院白皑。客房虽然狭小，却在风雪中给人以温暖，为范成大带来一夜好眠。

玉笙庵内北风呼呼地吹了一夜，一觉醒来便是除夕。初曙映窗，黎光透纸，雪渐渐止了，范成大命亲随整理行装，随时准备启程，自己则去山脚下走了走。他总是喜欢观察农村生活的各种细节，为此写了不少为人称道的田园诗，以诗自娱，借此蕴养自然恬淡的平和心性。

山脚下的泗洲作坊三面环山，山上竹木茂盛，苍翠葱郁。不远处的白洋溪源自天目山余脉，自西北蜿蜒而来，曲曲南流，自苋浦汇入富春江，水面开阔，利于航行，是富阳重要的交通水道。作坊南边还有一条东西向古河道，显然更方便取水。

如若范成大路过泗洲作坊，里面或许不见人影，只有一个看门人，因为工人们都回家过年了。造纸工具和暂时停用的家什物件上，粘贴着一张张红纸条。看门人介绍，这些封条是年前停槽日剪好粘上的，来年用时，要择日启封，拜祭一番。到了正月十五，还要抬着蔡伦画像，由族长带队到土地庙去拜神仙，顺便预卜当年的纸货行情。

来得不是时候，要过段时间才能看见热火朝天的造纸景象。不过，纸行的这些民风民俗倒颇有意趣。类似这样的风土人情，令喜写田园诗的范成大很感兴趣。范成大毕竟人在旅途，逗留了不久便舍岸登舟。时天寒地冻，他戴上毡帽，又取出使金时制作的棉袍穿于身上。在历览富春山水风光之同时，范成大也为出使金国时的刚正不阿、正气凛然而自傲。

日昳时分，站在船头观赏沿江冬景，雪晴云淡，千岩一素，两岸青竹变琼枝，倍增清绝。制造竹纸的常用竹种，有毛竹、白夹竹、观音竹、苦竹、水竹、石竹等。富阳竹纸原料主要是石竹、毛竹。开始是用大量的石竹，后来石竹难以为继，毛竹起而代之。富阳毛竹原料充足，故长期以毛竹为原料。

富阳最令范成大悸动的，就是这漫山遍野的竹。此地琅玕遍山丘，银装素裹之间，仿佛看到"银绿大夫"①们济济一堂，高谈阔论；"碧虚郎"与"卓立卿"倚栏眺望，谈笑风生；"君子""青士"正襟危坐，临江对弈；"绿卿"拉着"绿玉君"认同宗，说咱们五百年前是一家；"凌云处士"鹤立鸡群，孤芳自赏；"圆通居士"笑而不语，大隐隐于市；

---

① 〔清〕厉荃《事物异名录》："碧虚郎、凌云处士、卓立卿、银绿大夫……谓竹也。"其余皆为竹的代称。

满山的"抱节君"交头接耳，窸窸窣窣，好不热闹……

范成大与杨万里、陆游、尤袤合称南宋"中兴四大诗人"。巧的是，杨万里、陆游均到过富阳并留有诗作。杨万里有《富阳登舟待潮回文》《晚憩富阳二首》《富阳晓望》等诗作，陆游有《泛富春江》等诗，范成大也不甘落后，作有《富阳》等。路过富阳西南仪凤村（今场口）的宝林院时，范成大作《题宝林寺可赋轩》："十里山行杂市声，道傍无处濯尘缨。宝林寺里逢修竹，方有诗情约略生。"看来，富阳还真是竹乡，无论是水竹村还是宝林寺，竹子都随处可见，而恰是竹子激发着他的无限诗意。

竹林

五、科举考试用纸的门道

以考试选拔官吏的科举制度肇始于隋唐，至宋代得到了进一步完善。宋太祖于开宝六年（973）创立殿试，考生通过由礼部主持的省试后，还须赴殿试，由皇帝亲临录取，形成解试、省试、殿试三级考试制度。宋太宗在位时，为减少考官阅卷时舞弊的可能性，又创立糊名、誊录等制度。宋英宗治平三年（1066），始规定每三年一开科，此后遂为定制，并为后代所沿袭。

每逢辰、戌、丑、未年的春季，就到了省试开考的时候，寒窗苦读的学子们在解试"过五关斩六将"之后，即将赶赴京师，参加下一场激烈的角逐。和现在的高考类似，科举考生应试也要先报名。举子参加省试前，须向礼部贡院投递写有姓名、年甲、乡贯、三代、户主、举数、场第等信息的家状，解试中举的试卷，以及此次的考试用纸。

南宋赵升的《朝野类要》记载："凡举子预试并仕宦到部参堂，应干节次文书，并有书铺承干。"京城的各家书铺纷纷发展出副业，协助举子处理与科考相关的一应事宜。比如说，书铺要对家状等各种文书的格式、内容进行审核，并装订呈送。按规定，要把家状粘合在试纸前，作为卷首，然后投递至礼部，由贡院官员在家状下沿和试纸接缝处用印。

正所谓"无利不起早"，书铺之所以争做这些文书处理工作，是因为有利可图。如果从纸张的提供到投递全权由书铺负责，需付五千钱；若自备纸张并自行装界，而仅由书铺负责家状的粘贴及试纸的呈送,仅需两千钱左右。正如元代刘一清《钱塘遗事》所载:"书铺纳卷,铺例五千,自装界卷子与之,或只二千,无定价,过此无害也。"

对于举子来说,自备纸张则可以省下一大笔费用。对于书铺来说,最好能吸引举子用他们供应的纸,办理"一条龙"服务,这样可以赚取更多的抽头。为了吸引举子在书铺办理全套服务,书铺还会推出一些优惠措施,如赠送一本《御试须知》之类。

书铺在负责处理文书的同时,还必须承担相应的责任。《宋会要辑稿·选举》载:"书铺送纳举人试卷文字,并具所纳举人州府、姓名单状,赴院点对。如有文字差误,勘会元纳书铺人姓名,牒开封府施行。""如不遵告报,致本部验出,定将犯人书铺送所属根究施行。"即便如此,一些书铺还是会见钱眼开,不惜铤而走险,帮助举子作弊。

前文说到,宋太宗为防止徇私舞弊,创立糊名、誊录等制度。所谓糊名,又称"封弥"或"弥封"。糊名之法始于武则天时的吏部铨试,北宋形成了一套完备的糊名制度,选派官员专司其职,将试卷上应举者的姓名、年甲、乡贯等密封后,再交考官评阅。誊录是指举人交卷、糊名之后,由书手抄录副本,以副本送考官评阅,以防通过字迹或其他记号传递信息。鉴于这两项程序,举子答卷卷首的家状下端与试卷粘连的接口条缝必须用印,目的就是为了保证家状和试卷虽经封弥时拆散而不被调包。

然而,有道是"上有政策,下有对策",在代纳家状、卷纸等文书的程序中,书铺便有钻空子作弊的机会。主要的手段就是利用纳卷、用印、应试的时间差,投机取巧,造成礼部工作的一些疏漏,以便浑水摸鱼。具体来说,就是在用印这个程序上做文章。

针对糊名和誊录这两项程序,要作弊的书铺就会故意拖延时间,将收到的试纸停积在铺中,直至考前的最后关头才呈交,导致贡院在"人力不敷"的情况下出现一些疏漏甚至刻意的作弊,使得"条印不印卷身,多印家状，亦有不及缝者，亦有全不印至封弥处者，又有封弥后写奉试及作文处全无正面缝印者"，以便书铺收买的吏人直接将试卷调包。有鉴于此，朝廷不得不实施措施，通告天下，要求书铺必须在考官进入贡院的三天前投纳试纸，过时不候。如有敢延期的，就扭送狱中，追问责任。

除了借施印疏漏之机外，书铺要帮助举子进行调包还有一种途径，这也存在于代纳试纸的程序中。我们来看宋代省试的答卷格式：首先写一个"奉"字，而后另起一行抄写题目，往往以"试"开头，如"试周以宗强赋"，接下去第三行抄写对题目的要求，如"以周以同姓强固王室为韵，依次用，限三百六十字以上成"，第四行开始才进入答题正文。

这种答卷格式有什么空子可钻呢？原来，收受钱财而协助作弊的书铺在装订试纸时故意将卷首粘得极低。这样，举子在依格式抄写题目后，要翻到第二页才能开始写正文。而经书铺处理过的试纸"又粘缝占寸许，合掌连粘，亦为揭起再粘之地"，也就很容易将答卷正文与抄题的首页分离后进行调换。

书铺由于常年经营与科举有关的事务，在科举事务圈内的人脉应该是相当之广的，与封弥、誊录人员也应该十分稔熟，以至于能够协同作弊。《宋会要辑稿·选举》载，宋宁宗嘉定十三年（1220）四月二十七日，刑部员外郎徐瑄、监六部门张国均、大理评事郭正己言："换易卷首，皆是部监点吏与书铺通同封弥所作弊……所谓书铺与部监吏交通，此两窠人常在帘里，弊根无由可除。"

此外，书铺很有可能运用人际关系，将已经买通的"流落士人"混在誊录吏人当中，一旦书铺收人钱财需要作弊时，就嘱咐他们拣选较为优秀的文章掇换卷首，并仿效字迹抄写，"非精字画，决不能分真伪，掇换卷首，委难关防"。这些科举考试用纸，有时竟也成了藏污纳垢之处。

六、一卷宋版书的流转

南宋隆兴元年（1163），宋孝宗赵昚初登大宝，封主战派大臣张浚为魏国公，命其主持北伐，却终败于符离。主和派群起而攻击北伐误国，张浚罢为闲职后病逝，时为隆兴二年（1164）。数月后，宋金签订"隆兴和议"，亦称"乾道之盟"，因和议正式成立时已是次年，即乾道元年（1165）。

大约从乾道二年（1166）开始，南宋书市上流布着一卷《汉丞相诸葛忠武侯传》，撰者为"广汉张栻"。诸葛忠武侯者，诸葛亮是也，为蜀汉丞相，谥忠武侯。张栻何许人也？他乃国公府的贵公子，顶级"官二代"，其父即主持隆兴北伐的张浚。

撰写这卷书时，张栻（1133—1180）约三十四岁，还沉浸在父亲去世的余哀之中。张浚遗言："吾尝相国，不能恢复中原，雪祖宗之耻，即死，不当葬我先人墓左，葬我衡山下足矣。"说自己出将入相却不能恢复中原，深感愧疚，死后没脸入祖茔，就葬于衡山脚下①。

读至此处，诸位大概明白了，在张栻的眼中，其父张浚堪称蜀相诸葛亮的一个"投影"。诸葛亮五次兴兵北伐，与魏军争夺中原；张浚终生力主抗金，被排斥近二十年而不改其志。诸葛亮有街亭之失，终究"出师未捷身先死"，葬于北伐前线的定军山；张浚有富平、符

---

① 张浚墓位于今湖南省宁乡市巷子口镇官山村，距衡山尚有一段距离，古人认为这里属于衡山余脉。

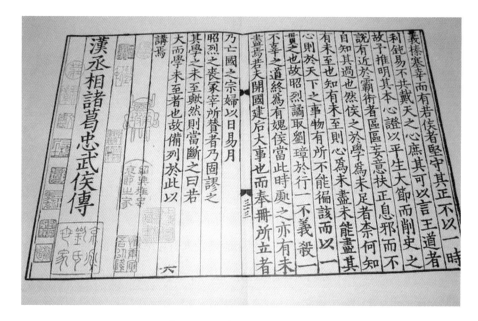

《汉丞相诸葛忠武侯传》书影

离之败，同样抱憾而终，葬于半道上的衡山。张浚敕封"魏国公"，
而魏国故地正在金统治下，三国时的魏国更是诸葛亮心心念念要攻克
之地，被呼作"张魏公"的张浚内心难道没有一点波澜？

　　"魏公之子"张栻的另一个身份是理学家，彼时在湖南岳麓书院
执教，宣传理学思想，日后与朱熹、吕祖谦齐名，并称"东南三贤"。
须知，理学家的脑海中往往带有门户之见。比如朱熹就认为，"读书
须是以经为本，而后读史"，"读史当观大伦理、大机会、大治乱得失"，
批评吕祖谦"先读史多"，"看文理却不仔细"，乃至不无鄙夷地说：
"看史只如看人相打，相打有甚好看处？"

　　张栻"亲自下场"给一个历史人物作传，固然也挟带了私货，笔
调具有鲜明的义理立场。举个典型的例子，《三国志》凡讲到刘备，
常冠之以"先主"，而张栻所修传文，称呼称王之前的刘备，一概用
东汉朝廷官衔"左将军"，理学家并不视此等称谓为小事。

该书赞美诸葛亮"配天之本心""常理之大公"，实为与乃父一样力主抗金的张栻在指斥时弊，托古明志。并不算厚的几十张书页纸，承载了而立之年的作者在特定时期下的家国情怀。这种情感力透纸背，跨越时空藩篱，至今仍隐隐回荡在纸间。

这卷宋刻本经历流转，其上钤有的一个个红色藏书章，印证了此书的递藏轨迹。

譬如，卷首的"惟庚寅吾以降""文徵明印""徵仲""停云"，以及卷尾的"文彭印""三桥居士"等章，分别出自明代书画家文徵明、文彭父子二人。名列"明四家""吴中四才子"之一的文徵明（1470—1559），初名壁，字徵明，以字行，更字徵仲，因先世为衡山人，故号衡山居士，世称"文衡山"。其家中筑有停云馆，曾编撰《停云馆帖》。文徵明出生的成化六年（1470）干支属庚寅，故而他用《楚辞》中"惟庚寅吾以降"之句刻了一枚私章。文彭（1497—1573），字寿承，号三桥，继承家学而精于篆刻，与明篆刻家何震并称"文何"。

在文氏父子之后，《汉丞相诸葛忠武侯传》又转入松江李氏或常熟王韶之手，清初成为武进庄虎孙的藏品。庄虎孙，是清初学者庄同生之子。清代中叶，该书为长洲汪文琛、汪士钟父子所得，在卷首、卷尾分别钤有"汪文琛印""三十五峰园主人""宋本"，以及"汪士钟印""民部尚书郎"等章。汪文琛是经营棉布业的商人，获利匪浅，富甲一方，平生唯一嗜好便是广收图书，有藏书楼"三十五峰园"。汪士钟亦倾其家资广搜奇本秘籍，因官至户部侍郎，故有"民部尚书郎"之印，阮元曾赠其一联曰："万卷图书皆善本；一楼金石是精摹。"

随后，《汉丞相诸葛忠武侯传》成为清藏书家黄丕烈书架上的珍藏，题跋处的"士礼居""荛圃过眼""荛圃鉴藏"藏书章皆出自他。黄丕烈，号荛圃，有藏书楼名士礼居。他是宋版书的狂热爱好者，自号佞宋主人。所谓"佞"，指花言巧语谄媚人。为什么起这样一个自号呢？黄丕烈的友人王芑孙为他撰写《黄荛圃陶陶室记》一文，其中如是说：

> 同年黄荛圃，得虞山毛氏藏北宋本陶诗，继又得南宋本
> 汤氏注陶诗，不胜喜，名其居曰"陶陶室"。……今天下好
> 宋版书，未有如荛圃者也。荛圃非惟好之，实能读之。于其
> 版本之后先，篇第之多寡，音训之异同，字画之增损，及其
> 授受源流，翻摹本末，下至行幅之疏密广狭，装缀之精粗敝好，
> 莫不心营目识，条分缕析。积晦明风雨之勤，夺饮食男女之欲，
> 以沉冥其中。荛圃亦时自笑也，故尝自号"佞宋主人"云。

黄丕烈曾得到虞山毛氏汲古阁藏北宋本《陶渊明集》，继而又得
到南宋本汤汉注《陶渊明集》，喜不自胜，名其居曰"陶陶室"。他
对宋版书的痴迷超越了饮食男女之欲，自嘲对其态度谄媚，就如同佞
臣讨好帝王一样。黄丕烈搜购宋本图书百余种，专藏于一室，名为"百
宋一廛"。"廛"者，本意为古代城市平民一户人家所居的房地。清
校勘学家顾广圻为之撰《百宋一廛赋》，其中说"一册垂丞相之型"，
即指《汉丞相诸葛忠武侯传》。

清末，《汉丞相诸葛忠武侯传》宋刻本流转至吴兴刘承幹的嘉业堂，
现藏于上海图书馆。2008 年，列入由国务院批准、文化部确定的第一
批国家珍贵古籍名录，编号 00513。其框高 20.7 厘米，宽 16.1 厘米，
每半页 10 行，每行 17 字，左右双边，白口，双鱼尾，蝴蝶装。

【链接】

◎白口线装书 书口的一种格式，版口中心上下都是空白的，叫作
"白口"，区别于"黑口"（版口中心上下端所刻的线条，粗阔的叫
大黑口，细狭的叫小黑口）。

◎鱼尾 刻本的书口款式之一。即版心距上下边栏四分之一处所刻

的鱼尾形标志。赵慎畛《榆巢杂识》："书中间缝，每画▼，名鱼尾，象形也。"体黑者称黑鱼尾，白者称白鱼尾，刻纹者称花鱼尾；在版心上称上鱼尾，在版心下称下鱼尾（因多为倒置，亦称倒鱼尾）；版心上下各有鱼尾称双鱼尾，仅有一处称单鱼尾。

　　◎蝴蝶装　简称"蝶装"。图书装订名称，书叶沿版心对折，即将有字的纸面相对折叠，将折缝的背口用糨糊粘连，再以厚纸包裹作封面。翻阅时，书叶左右展开，如蝴蝶的双翅，故名。

七、由"云蓝"说纸的别称

南宋淳熙十五年（1188），已过而立的姜夔（约1155—1209）正是春风得意。上一年（1187），他经萧德藻推荐，到京师临安袖诗谒见杨万里。杨万里对其文工大为赞许，又开了一封"介绍信"，让他前往苏州拜访退隐石湖的范成大。范成大也很欣赏姜夔的才华，后来甚至送给他一名名叫"小红"的歌伎。

杨万里和范成大位列南宋四大家，皆是朝中大臣（时范成大已致仕），居尊处显。姜夔作为一介布衣，能得到两位大前辈的奖掖，自然欣喜不已。由苏州返回后，他客居临安，在杨万里的引荐下，与达官显贵交游，俨然跻身上流社会。同年（1188），姜夔迎娶夫人萧氏，迎来了事业爱情双丰收；媒人便是萧德藻，他将兄长的女儿嫁与自己十分看好的这位后生。

但与名流士大夫的交往中，姜夔不久便备感拘束，疲于交际应酬，倦于繁文缛节。此时，他的老朋友，在湖州任上的萧德藻（号千岩老人）写了一首《杂谣》诗，姜夔很快相与酬唱，写下了《次韵千岩〈杂谣〉》：

> 平生中散七不堪，凤鹜时时伴燕谈。
>
> 道士有神传火枣，故人无字入云蓝。
>
> 雨凉竹叶宜三酌，日落荷花倚半酣。
>
> 极欲扁舟南荡去，冷鸥轻燕略相谙。

性如闲云野鹤，不擅官场经营，姜夔愿像嵇康（嵇中散）那样放浪形骸，高蹈独立。"南荡"是湖州的上渚，他一心向往扁舟隐居的生活。该诗的颔联中，"火枣"即仙果，至于"云蓝"，原本是唐代段成式所制的一种纸，后成为纸的代称。

"故人无字入云蓝。"对姜夔来说，萧德藻既是前辈，又是旧侣，是老萧牵线搭桥，让屡试不第的他结识了硕学通儒，让自幼孤贫的他得到了家的温暖。在迎来送往那些"新雨"之时，姜夔不曾忘记这位"故人"，惦念着同他的书信往来，期盼与之传情达意；若没有他的消息，未免怅然若失。一张"云蓝"，承载着多少人间清欢，多少平生缱绻。

与萧夫人成婚后，姜夔迁寓湖州，客居萧德藻门下，后又四处游历。他这一生，流离转徙，走过江南江北的很多城市，许是为西湖边的"日落荷花"所勾留，在面临"择一城终老"的选择时，内心早已有了答案。这位经年漂泊的行客，在临安停下了步伐，不再迁徙。他终生未仕，靠卖字和朋友接济度日；在后半生，伴着第二故乡临安的一城幽梦，春倚柳下轩窗，夏观荷叶似云，秋探青芦奕奕，冬掠白水生寒，在风恬月澹间终老，卒葬于钱塘门外西马塍。

姜夔的故事至此告一段落，"云蓝"的来历却值得宕开一笔。段成式（字柯古）在《寄温飞卿笺纸》诗序中说："予在九江造云蓝纸，既乏左伯之法，全无张永之功，辄送五十板。"此前，温庭筠（字飞

姜夔像

卿）得知好友制成云蓝纸，去信向他索要十张。段成式爽快答应，并回寄五十张，自谦地说，我造的纸不如"左伯纸"和"张永纸"那样好，你且当一回"产品体验官"，试着用用。左伯、张永都是古代善造纸者。随后，温庭筠用收到的云蓝纸回赠《答段柯古见嘲》一诗。

见证了段成式与温庭筠友谊的云蓝纸，据称在纸面上有蓝天白云的图案，后来成为纸的代称之一。汉语博大精深，遣词千变万化。譬如讲到"纸"，诗词文章里往往不直接以"纸"称之，而是有着各种各样的别称，而且讲究用典。像"云蓝"这样的雅称，在宋代诗文里还有很多。

宋初陶穀《清异录》中引用唐代薛涛的《四友赞》："磨润色先生之腹，濡藏锋都尉之头。引书媒而黯黯，入文亩以休休。"这四句分别指砚、笔、墨、纸。所谓"文亩"，即耕耘文字的土地。文字写在纸上，犹如农民在土地上耕作，十分形象。故而，"文亩"也成了纸的代称之一。

宋初的苏易简在《文房四谱》里引唐代文嵩的《好畤侯楮知白传》，为纸拟人作传，戏称其姓楮，名知白，字守玄，封好畤侯。"楮"本是一种树木的名字，即构树、榖树，其皮可制桑皮纸，因以之为纸的代称。"知白"表明纸的颜色，"玄"即黑色，有个成语叫"知白守黑"，出自《老子》，谓韬晦自处。至于"好畤"则是个古县名，治今陕西乾县东好畤村，此地在宋代多产纸。

北宋杨亿的《李舍人独直》有"赫蹄云落知谁见"之句。赫蹄，古代称用以书写的小幅绢帛，后亦以借指纸。《汉书·孝成赵皇后传》曰："（籍）武发箧中，有裹药二枚，赫蹄书，曰：'告伟能：努力饮此药，不可复入，女自知之。'"东汉末年的应劭对此的解释是："赫蹄，薄小纸也。"西汉成帝时，宫女曹伟能怀了皇子，而当时掌控后宫的是以善妒著称的赵飞燕、赵合德姊妹，"啄皇孙"的典故就出自她们。掖庭狱丞籍武接到命令，用赫蹄包了两粒毒药拿给曹伟能，还在赫蹄

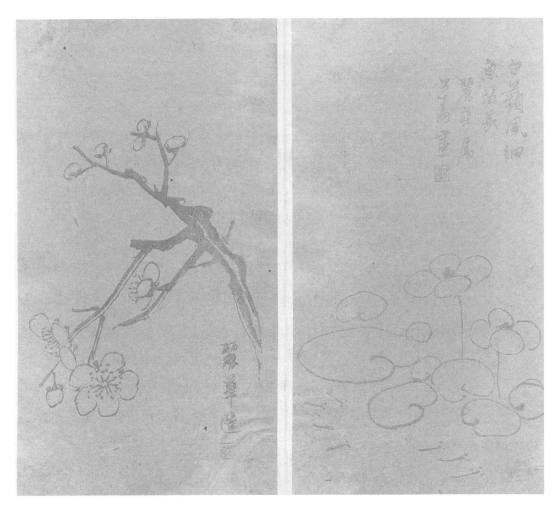

名笺展示

上写字警告：必须把药吞服，否则后果自负。这种用来包裹药物的就是一种早期的"纸"。

北宋米芾《自涟漪寄薛绍彭》有"玉麟棐几铺云肪"之句。"云肪"，即白色的脂肪，喻指白纸。米芾与他的朋友薛绍彭交往甚密，两人爱好相同，经常在一起谈论书法、绘画，提笔展纸，兴致益然。尤其是见到洁白平滑的纸，彼此更有心手相应之感，从而抒发联想，把纸比喻为犹如天上白云那样的脂肪。

值得一提的是，薛绍彭的远祖是唐代书法家薛稷。《云仙杂记》记载："稷又为纸封九锡，拜楮国公、白州刺史、统领万字军界道中郎将。"薛稷把文房四宝都加封九锡①，授予各种官职。这些"官职"分别成了笔墨纸砚的谑称，其中"楮国公"从"楮先生"衍生而来，"白州刺史"以纸的颜色喻为一官职，"统领万字军"谓纸上写万字长文，犹如万军布阵，"界道中郎将"谓纸上画有界格，限字形不许出格，似把守关口之宿将。

南宋陆游的《村居日饮酒对梅花醉则拥纸衾熟睡甚自适也》有"一寒仍赖楮先生"之句。韩愈撰写的《毛颖传》载："纸曰会稽楮先生是也。"后来便形成了典故，楮先生即纸的喻称。陆游说天冷时盖纸被——用特种纸制成的被子，天气冷下来，还得有赖于楮先生啊！

南宋仇远《润州许使君寄饷新酿以流金笺为赞且供诗稿》有"流金方絮滑如苔"之句。东汉服虔的《通俗文》载："方絮曰纸，字从糸氏。"拆开来理解，"方"是指纸的形状，"絮"是指如丝状之物，即抄纸所用的纤维原料。"方絮"二字合成一词的意思是说，把水中的纤维（絮状体）捞起，经过滤水、压成方形的薄片，干燥后便成为纸，可谓象形与象意的结合体。

---

① 九锡：中国古代皇帝赐给诸侯、大臣有殊勋者的九种礼器，是最高礼遇的表示。

八、与宋画相为寿者

宋理宗绍定六年（1233），临安府於潜县的天目山西麓，赋闲在家的洪咨夔收到了好友毛璲（字君玉）寄来的一幅画，受邀为此写一段题跋。其实，在鉴赏书画方面，洪咨夔并没有多少的经验，他连这画叫啥名字都不清楚，只见其被画在七张纸上。

画面之上，仪卫在前，嫔御在后，车马踏云而行，像是天神下凡，又像是某位大人物及其眷属出行的真实场景，正所谓艺术来源于生活。整幅画云雾舒卷，人物鬼神相掺杂，水准出色，洪咨夔赞叹，这大概出自擅画人物鞍马的北宋大画家李公麟（号龙眠居士）之手。

通过询问另一友人——在刑部担任都官郎中的李成之得知，这画名叫《西岳降猎图》。李成之家里有一幅绢本《西岳降猎图》（又名《西岳降灵图》），其构图也恰好可分成七段，画面与纸本几乎一模一样，唯一不同之处在于，绢本的第七段中多画了四名骑在马上的美人。洪咨夔推测，毛璲所藏纸本为最初的稿本，而李成之所藏绢本为完成后的作品。

为什么稿本要画在七张纸上？这可能是宋代临摹的唐代壁画，而每节断续，是因为原画绘于建筑的东西壁，被楹柱所间隔。至于临摹者是不是李公麟，众说纷纭。《西岳降猎图》有很多摹本，在宋元时期流行范围极广，以至于赵孟頫说："仆见此图一二十本。"

最终，洪咨夔写下这样一段题跋：

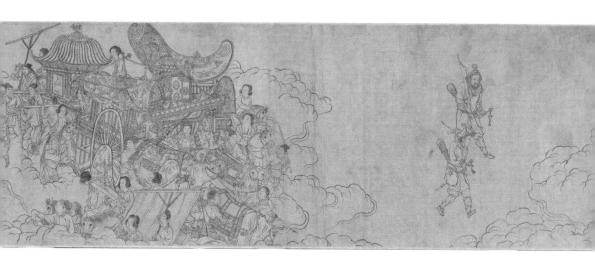

　　君玉以《宫车游猎》图二寄示，共七纸，鈌箙前驱，嫔御纷从，来舆去马，蹴踏云气。其精妙瑰怪，纵横变化，出天入神，叹非龙眠莫能作而不能名之。转似都官隆山李成之，曰："《西岳降猎图》也。吾家绢本，得之康节孙邵公济家，人物部分与此无一不合，独第七节前多马上美人四。"因合二图为一，次第其先后以复，得非两家所藏同出一时之笔，纸其创，绢其成钦？绢寿止五百年，纸寿千年。君玉倒黄河以洗研，挹玉井以濡翰，醉擷风露，吸金天之晶而赋之，必有与此画相为寿者。

　　洪咨夔（1176—1236），字舜俞，号平斋，为宋宁宗嘉泰元年（1201）进士，是个正直敢言之人。宋理宗宝庆元年（1225），他因直言济王①之冤，成为权相史弥远的眼中钉，从金部员外郎转为考功员外郎，次年罢归乡里。绍定六年（1233）冬，史弥远病死，宋理宗亲政，洪咨夔又获

---

① 即赵竑，宋宁宗原定的继承人，因得罪史弥远而无缘皇位，最终被逼自缢。

〔北宋〕李公麟（传）《西岳降灵图》

起用，除礼部员外郎，继而拜监察御史，重振朝纲；累官至刑部尚书，翰林学士、知制诰，加端明殿学士。

在自己的文集《平斋集》中，洪咨夔极少谈及画作。这件《西岳降猎图》，不过是应好友的邀请而题写，可以说是洪咨夔鉴赏书画的孤例。洪咨夔大部分的精力花在朝政上，书画只是偶闲之时的点缀，因此在洪咨夔的题跋中只能见到一些客观性描述，少有主观意见，甚至画作的名字，都是从另一友人那里道听途说的。可就是这样一篇应景之作，其中倒冒出一个名句，那就是"纸寿千年"。

"绢寿止五百年，纸寿千年"，这句话有可能脱胎自米芾的画评："纸千年而神去，绢八百年而神去。"大意是，纸本的画作历经千年就没有神采了，绢本的画作经历八百年就没有神采了。《洞天清录》记载："其作墨戏，不专用笔，或以纸筋，或以蔗滓，或以莲房，皆可为画。纸不用胶矾，不肯于绢上作。"米芾就爱好纸本而不喜绢本。

明代董其昌在《画禅室随笔》中评论说："米元章论画曰：'纸千年而神去，绢八百年而神去。'非笃论也。神犹火也，火无新故，神何去来？大都世近则托形以传，世远则托声以传耳。"世近则托形以传，世远则托声以传，这个"形"，指的就是画的物质载体，而"声"则是口口相传的口碑之意了。

中国画的材料有一个从绢到纸的变化过程，其中，宋代是纸绢并用的一个过渡时期。从社会经济的角度来看，以纸代绢或许是一个提高资源效率的过程，但从绘画史的角度看并不那么简单。不同笔锋的运用与控制，在敏感的纸本材料上很容易实现，但丝滑的绢本材料令用笔平顺柔和，无法将笔触的瞬息万变一一记录。

宋代的纸本是以熟纸为成熟产品面世的，主要的作画纸本材料也是如此，但个别文人比如米芾会自觉寻找一些尚未加工完成的纸本材料，其实主要原因在于胶水和矾水尚未十足浸泡，纸面也未经过蜡质抛光，遂纸面呈现毛糙，各个区域吃水力不统一，个别局部会渗化严重。没承想，这种不可控制的材料倒歪打正着，深得部分文人的喜爱。

绢本质地柔软坚韧，适合多次渲染，纸本则适合一蹴而就，画面处理灵活。粗糙的纸面会给用笔带来很多变化。同样的水分和墨量，每一笔画在纸本上的存在感远胜于绢本，纸本材料对作者的笔力雄厚、造型把握要求更甚，对每一次落笔的准确度与精美度的要求更高。敏感的纸本材料能捕捉作者下笔时的每一次犹豫与果决，即时书写性瞬息万变。

此外，纸本与绢本材料的成本问题，确实也是一个绕不开的考量。在宋代，昂贵的绢本多用于比较正式严谨的场合，比如公文的书写、正式的应酬，但在自娱自乐、聊以慰藉之时，善书善画之人选用相对平价的纸本作为材料的比例更大。因为创作时心态的不同，最终呈现出来的作品气质也不同。由于纸本的使用频率很高，因此下笔者对于纸本的性能，如毛笔的行笔与水墨的控制等更为熟悉，由此循环往复，纸本逐渐就成为一批文人士大夫的首选材料。

洪咨夔在题跋中说："必有与此画相为寿者。"以现代的眼光来看，用古法做出来的纸，更能体现墨的厚重、笔触的灵动，而且纸的"玉化"会让纸像陈酒一样，越放越白，存放条件得当的话，的确可以储存千百年。以草木为源的轻柔纸张，成为保存文化、传播文明的重要载体。

在千年的历史进程中，纸承载了人类的知识、经验与情感。岁月不居，时节如流，纸张则犹如历史的皮肤，印下了流年的痕迹。它们从中古时代走来，穿越宋元的风云和明清的烟月，与生活在当下的你我打了个照面。"区区岂尽高贤意，独守千秋纸上尘。"纸短情长，它们的故事言犹未尽……

参考文献

1. 张芝芳：《〈文房四谱〉研究》，硕士学位论文，天津师范大学中国古典文献学专业，2019 年。

2. 王文哲：《交子制度的前前后后》，载高小勇主编《经济学视角下的中国大历史》，贵州人民出版社，2017 年。

3. 贾大泉：《薛田是我国和世界上最早的杰出的纸币专家》，《四川金融》1994 年第 7 期。

4. 刘琰之：《曾巩〈局事帖〉再考证》，《收藏家》2010 年第 8 期。

5. 潘忠伟：《家国情怀与学术时风的缠绕——评张栻〈汉丞相诸葛忠武侯传〉》，《巴蜀史志》2020 年第 5 期。

6. 刘泽：《古籍藏书章》，《光明日报》2019 年 4 月 1 日，第 13 版。

7. 林珊：《宋代的书铺与科举》，《文史知识》2009 年第 10 期。

8. 曲康维：《〈西岳降灵图〉再考》，《美术》2019 年第 8 期。

9. 刘荣平、丁晨晨：《洪咨夔行年考》，《中国韵文学刊》2011 年第 4 期。

10. 张靓亮：《两宋纸本花鸟画研究》，博士学位论文，中国美术学院美术学专业，2020 年。

11. 刘仁庆：《趣说纸的正名和别称》，《纸和造纸》2009 年第 7 期。

12. 辞海编辑委员会：《辞海（第七版）》，上海辞书出版社，2020 年。

13. 中国社会科学院语言研究所词典编辑室编：《现代汉语词典（第 7 版）》，商务印书馆，2016 年。

絮　语

　　黄庭坚的舅父年轻时，曾在庐山五老峰下白石庵中读书，并把他的九千余卷书全部藏在庐山寺庙里，以供后生学习。这种"兼济后生"的优秀品质，令他的友人苏轼深受感动。宋神宗熙宁九年（1076），苏轼在密州知州任上，应李常之约，写下了《李氏山房藏书记》一文。其中写道：

　　　　自秦、汉以来，作者益众，纸与字画日趋于简便，而书益多，世莫不有，然学者益以苟简，何哉？余犹及见老儒先生，自言其少时，欲求《史记》《汉书》而不可得，幸而得之，皆手自书，日夜诵读，惟恐不及。近岁市人转相摹刻诸子百家之书，日传万纸。学者之于书，多且易致如此，其文词学术，当倍蓰于昔人；而后生科举之士，皆束书不观，游谈无根，此又何也？

　　早在一千多年前的北宋时期，苏轼就心怀忧虑：自从秦、汉以来，著书的人越来越多，获得纸张、写字作画一天天趋于便捷，因而书籍也日趋纷繁，然而读书人却越来越不认真。当时，诸子百家已经达到了"日传万纸"的地步，一个人想要得到它们，简直太容易了，根本无须像以前的"老儒先生"那样，好不容易得到一本书，赶紧手抄下来。选择太多，反而令人迷茫，物质的丰富却导致了精神的贫瘠，结果就是"束书不观，游谈无根"。

在一千多年后的今天，我们所能获取的资讯更是呈指数级地剧增，蜂拥而至的文山图海、铺天盖地的视听享乐、多如牛毛的信息碎片、云屯雾集的知识泡沫，将大数据时代的人们紧紧裹挟其中。恒河沙数般的图书堆积如山，故纸堆里的文字似乎离我们愈加遥远。久而久之，它们成了一些陌生的堆积物，落上了厚厚的灰尘。

有诗人说："可以常去窥察祖宗库存，顺手牵羊，总会有所获的。"今天我们讲"宋韵"，其实并不是一种复古的思潮，而是要把传统文化转化为当代价值，进行创造性传承、创新性发展。本书试图钩沉史料，但又避免饾饤獭祭地堆砌资料，而是以一系列个案为切入点，勾画出宋纸从制造到流通、形制、使用的各环节，阐述宋纸的技艺、特色及其在中国造纸史上的地位，反映出宋代文化风雅、世俗化等的不同侧面。

这本书写的是纸，亦以纸为载体，当然，也会成为信息爆炸时代中堆积如山的图书中的一本，期待有缘者启书观之，聊作游谈之资。

"宋韵文化生活系列丛书"跋

2021年8月，省委召开文化工作会议，对实施"宋韵文化传世工程"作出部署。在浙江省委宣传部、杭州市委宣传部及上城区委宣传部领导和指导下，杭州宋韵文化研究传承中心牵头抓总，组织中心学术咨询委员会专家具体承担"宋韵文化生活系列丛书"编撰工作。

浙江省委始终高度重视文化强省建设，在深入推进浙江文化研究工程的同时，部署实施"宋韵文化传世工程"，着力构建宋韵文化挖掘、保护、提升、研究、传承工作体系，让千年宋韵在新时代"流动"起来，"传承"下去。在浙江省社科联的大力支持下，本套丛书被列为"浙江文化研究工程"重大项目。经过 年多努力，丛书编撰工作顺利推进，并取得阶段性成果。

丛书共16册，以百姓生活为切入点，力求从文化视角比较系统地叙述两宋时期与百姓生活密切相关的重要文明史实、重要文化人物与重要文化成果，期望通过形象生动的叙述立体呈现宋代浙江的文脉渊源、人文风采与宋韵遗音，梳理宋代浙江文化的传承发展脉络。这项工作，得到了省内外众多高校与研究机构的积极响应，也得到了史学界、文学界及其他领域众多专家学者的全力支持。各位专家学者承接课题以后，高度重视、精心谋划、认真写作，按时完成撰稿，又经多领域专家严格把关，终于顺利完成编撰出版工作。

在丛书编撰出版过程中，我们突出强调三方面要求：一是思想性。树立大历史观，打破王朝时空体系，突出宋韵文化的历史延续性，用历史、发展、辩证的眼光，从历史长河、时代大潮中把握宋韵文化历史方位，全面阐释宋韵文化特色成就，提炼其具有历史进步意义的文化元素，让每一位读者通过阅读这套丛书，对宋韵文化形成基本的认知，对两宋文化渊源沿革有客观的认识。二是真实性。书稿的每一个知识点力求符合两宋史实，注重对与文化紧密相关的经济、外交、军事、社会等领域知识的客观阐述，使读者对宋代文明的深刻内涵、独特价值及传承规律形成科学的认识，产生正确的认知。三是可读性。文字叙述活泼清新，图片丰富多彩，助力读者开卷获益，在阅读中加深对宋韵文化多层面、多视角的感知与体悟。我们希望这套成规模、成系列的通俗类图书的出版，能对全省宋韵文化研究与传承工作起到推动促进作用。

在丛书即将付梓之际，谨向参与丛书组织领导和撰稿的专家学者表示衷心的感谢！向所有为这套丛书编辑出版提供支持帮助的朋友表示诚挚的感谢！

"宋韵文化生活系列丛书"编纂委员会

2023 年 4 月 17 日